# CONTEÚDO DIGITAL PARA ALUNOS
Cadastre-se e transforme seus estudos em uma experiência única de aprendizado:

**1.** Entre na página de cadastro:
**www.editoradobrasil.com.br/sistemas/cadastro**

**2.** Além dos seus dados pessoais e dos dados de sua escola, adicione ao cadastro o código do aluno, que garantirá a exclusividade do seu ingresso à plataforma.

6733274A2134658

**3.** Depois, acesse:
**www.editoradobrasil.com.br/leb**
e navegue pelos conteúdos digitais de sua coleção :D

*Lembre-se de que esse código, pessoal e intransferível, é valido por um ano. Guarde-o com cuidado, pois é a única maneira de você acessar os conteúdos da plataforma.*

CB037111

Editora do Brasil

# Raciocínio e Cálculo Mental

## 9
Ensino Fundamental
Anos Finais

1ª edição
São Paulo, 2022

Dados Internacionais de Catalogação na Publicação (CIP)
(Câmara Brasileira do Livro, SP, Brasil)

Dante, Luiz Roberto
   Raciocínio e cálculo mental 9 : ensino fundamental : anos finais / Luiz Roberto Dante. -- 1. ed. -- São Paulo : Editora do Brasil, 2022. -- (Raciocínio e cálculo mental)

   ISBN 978-85-10-09287-6 (aluno)
   ISBN 978-85-10-09285-2 (professor)

   1. Atividades e exercícios (Ensino fundamental) 2. Matemática (Ensino fundamental) 3. Raciocínio e lógica I. Título. II. Série.

22-116826                    CDD-372.7

Índices para catálogo sistemático:

1. Matemática : Ensino fundamental   372.7
Cibele Maria Dias - Bibliotecária - CRB-8/9427

© Editora do Brasil S.A., 2022
Todos os direitos reservados

**Direção-geral:** Vicente Tortamano Avanso

**Diretoria editorial:** Felipe Ramos Poletti
**Gerência editorial de conteúdo didático:** Erika Caldin
**Gerência editorial de produção e design:** Ulisses Pires
**Supervisão de design:** Dea Melo
**Supervisão de arte:** Abdonildo José de Lima Santos
**Supervisão de revisão:** Elaine Cristina da Silva
**Supervisão de iconografia:** Léo Burgos
**Supervisão de digital:** Priscila Hernandez
**Supervisão de controle de processos editoriais:** Roseli Said
**Supervisão de direitos autorais:** Marilisa Bertolone Mendes

**Supervisão editorial:** Everton José Luciano
**Consultoria técnica:** Clodoaldo Pereira Leite
**Edição:** Paulo Roberto de Jesus Silva e Viviane Ribeiro
**Assistência editorial:** Rodrigo Cosmo dos Santos
**Revisão:** Alexander Barutti, Andréia Andrade, Beatriz Dorini, Bianca Oliveira, Fernanda Sanchez, Gabriel Ornelas, Giovana Sanches, Jonathan Busato, Júlia Castello, Luiza Luchini, Maisa Akazawa, Mariana Paixão, Martin Gonçalves, Rita Costa, Rosani Andreani e Sandra Fernandes
**Pesquisa iconográfica:** Ana Brait
**Tratamento de imagens:** Robson Mereu
**Projeto gráfico:** Rafael Vianna e Talita Lima
**Capa:** Talita Lima
**Edição de arte:** Daniel Souza e Mario Junior
**Ilustrações:** DAE (Departamento de Arte e Editoração), Dayane Raven e Tabata Nascimento
**Editoração eletrônica:** Estação das Teclas
**Licenciamentos de textos:** Cinthya Utiyama, Jennifer Xavier, Paula Harue Tozaki e Renata Garbellini
**Controle de processos editoriais:** Bruna Alves, Julia do Nascimento, Rita Poliane, Terezinha de Fátima Oliveira e Valeria Alves

1ª edição / 1ª impressão, 2022
Impresso na Hawaii Gráfica e Editora.

Rua Conselheiro Nébias, 887
São Paulo/SP – CEP 01203-001
Fone: +55 11 3226-0211
www.editoradobrasil.com.br

# APRESENTAÇÃO

Raciocínio e cálculo mental são ferramentas que desafiam a curiosidade, estimulam a criatividade e nos ajudam na hora de resolver problemas e enfrentar situações desafiadoras.

Nesta coleção, apresentamos atividades que farão você perceber regularidades ou padrões, analisar informações, tomar decisões e resolver problemas. Essas atividades envolvem Números e operações, Geometria, Grandezas e medidas, Estatística, Sequências, entre outros assuntos.

Esperamos contribuir para sua formação como cidadão atuante na sociedade.

Bons estudos!

**O autor**

# CONHEÇA SEU LIVRO

### DEDUÇÕES LÓGICAS: VAMOS FAZER?

Esta seção convida o estudante a resolver atividades de lógica.

### É HORA DE...

Esta seção proporciona ao estudante resolver, completar e elaborar diversos problemas e operações matemáticos.

### REGULARIDADE

Esta seção convida os estudantes a resolver diversas atividades que abordam a regularidade de uma sequência.

### ATIVIDADES

Seção que propõe diferentes atividades e situações-problema para você resolver desenvolvendo os conceitos abordados.

### CÁLCULO MENTAL

Esta seção convida os estudantes a resolver mentalmente diversas atividades.

### CONTEÚDO E ATIVIDADES DIVERSAS

O conteúdo é apresentado como revisão e convida os estudantes a resolver diversas atividades sobre o assunto estudado.

## ÍCONES

 EM DUPLA   EM GRUPO   CALCULADORA   CÁLCULO MENTAL   DIGITAL   DESAFIO

# SUMÁRIO

**DEDUÇÕES LÓGICAS: VAMOS FAZER?** ..................8

**DESAFIO COM NÚMEROS NATURAIS** ..................9

**CÁLCULO MENTAL: VALOR MÁXIMO E VALOR MÍNIMO** ..........10

Fração ou porcentagem de região plana ..................11

**REGULARIDADE ENVOLVENDO NÚMEROS RACIONAIS** ..................12

**DESAFIO COM HEXAMINÓS** ........13

Situações com números reais irracionais ..................14

**DESAFIO** ..................16

Cuidado com as *fake news*! ..................17

**CÁLCULO MENTAL: AS "MÁQUINAS DE CALCULAR" E A IDEIA DE FUNÇÃO** ..................18

Retas paralelas cortadas por uma transversal ..................19

**É HORA DE RESOLVER PROBLEMAS!** ..................20

Situação envolvendo a ideia de função ...21

**POSSIBILIDADES E A BUSCA DAS PROBABILIDADES** ..................22

Estatística em gráfico de segmentos ......24

**CÁLCULO MENTAL: QUADRADOS EM UM TABULEIRO DE XADREZ! QUANTOS SÃO?** ..................25

Números reais racionais e números reais irracionais em medidas de comprimento ..................26

**DESAFIO** ..................28

Conjuntos dos números reais e seus subconjuntos ..................28

Diagrama de palavras com nomes de ângulos ..................29

**É HORA DE RESOLVER PROBLEMAS!** ..................30

Situações envolvendo medidas ..............32

Localização de números reais na reta numerada ..................33

Localização de pares ordenados no plano cartesiano ..................34

Descobrir e desenhar ..................35

**CÁLCULO MENTAL: NÚMEROS REAIS NO DIAGRAMA** ..................36

Operações com números reais ..............37

Expressões algébricas e sequências ......38

**É HORA DE ELABORAR PROBLEMAS!** ..................39

Medidas de perímetro ($P$), de área ($A$) e de volume ($V$): Vamos retomar? ..........41

Dobraduras, recortes e estimativas ......45

Fatoração de expressão algébrica ..........46

**DESAFIO COM ADIÇÃO, MULTIPLICAÇÃO OU POTENCIAÇÃO**........47

**DEDUÇÕES LÓGICAS: VAMOS FAZER?**........48

Casos de semelhança de triângulos: AA, LLL e LAL........49

São semelhantes, não são semelhantes ou podem ser ou não semelhantes........51

**DESAFIOS E "PEGADINHAS"**........52

**CÁLCULO MENTAL: DADOS ESTATÍSTICOS EM UM CAMPEONATO DE FUTEBOL**........54

Transformações geométricas no plano cartesiano........55

**É HORA DE ELABORAR E RESOLVER PROBLEMAS!**........56

Construção e interpretação de tabelas e gráficos........57

**DESAFIO**........58

Processos para resolução de equações polinomiais do 2º grau........59

Situações envolvendo equações polinomiais do 2º grau em $\mathbb{R}$........63

**DESAFIO**........63

Analisar e desenhar........64

Proporcionalidade direta em escalas........66

Situações de proporcionalidade inversa........67

**DESAFIO: OS QUATRO QUATROS**........68

Medida da distância entre dois pontos no plano cartesiano........69

**DESAFIO CAÇA-PALAVRAS**........71

**É HORA DE RESOLVER PROBLEMAS!**........72

Relações métricas nos triângulos retângulos........73

**DESAFIO: OPERAÇÕES COM PALITOS**........77

Ângulos em uma circunferência........78

Uso da relação de Pitágoras........79

**DESAFIO**........81

**É HORA DE RESOLVER PROBLEMAS!**........82

Sequências com aumentos e reduções........83

Vamos relacionar números com suas notações científicas........84

Aplicações de equações polinomiais do 2º grau........85

**DESAFIO**........86

**CÁLCULO MENTAL: UM PROBLEMA COM MAIS DE UMA SOLUÇÃO**........88

Cada medida em seu lugar........89

Velocidade: razão entre as grandezas comprimento e tempo........92

Descobrir um erro e consertar........94

**DESAFIO COM SEQUÊNCIAS**........96

**É HORA DE ELABORAR E RESOLVER PROBLEMAS!**........97

**DESAFIO**........98

**CÁLCULO MENTAL: A BUSCA DE PALAVRAS** .................................. 99

   Descobrir o erro e corrigir ..................... 100

**DEDUÇÕES LÓGICAS: VAMOS FAZER?** ............................... 101

   Quantas ou quantos... para se ter certeza? ........................ 102

**É HORA DE RESOLVER PROBLEMAS!** ................................. 103

**DESAFIO** ................................................. 105

**REGULARIDADE NOS MESES DO ANO** ............................... 106

**DEDUÇÕES LÓGICAS: VAMOS FAZER?** ............................... 107

   Dois em quatro ..................................... 108

**DEDUÇÕES LÓGICAS: VAMOS FAZER?** ............................... 109

   **GABARITO** ........................................ 110

   **REFERÊNCIAS** .................................. 112

### DEDUÇÕES LÓGICAS
# VAMOS FAZER?

1. Em uma corrida, estão participando Mário, Aldo, Rafa, Carlos e Beto. Leia as informações a respeito das posições que eles ocupam.

   - Rafa está em posição melhor do que Carlos e pior do que Beto;
   - Aldo não está em último lugar;
   - Carlos está em posição melhor do que Aldo.

   Escreva os nomes dos participantes de acordo com as suas posições.

   1º    2º    3º    4º    5º

2. Veja o que 4 jovens afirmaram sobre as 3 frutas ilustradas ao lado.

   Eu gosto de banana e de maçã! — Sara
   Eu não gosto de banana! — Vitor
   Eu gosto de maçã! — Lucas
   Eu gosto só de maçã! — Ana

   Considere as 4 afirmações acima. Para os itens a seguir, assinale (V) nas verdadeiras, (F) nas falsas e (~) nas que podem ser verdadeiras ou falsas.

   a) Sara gosta das 3 frutas. ☐

   b) Vitor gosta das 3 frutas. ☐

   c) Os 4 gostam de maçã. ☐

   d) Ana não gosta de abacaxi. ☐

   e) Lucas não gosta de 2 frutas. ☐

   f) Pode ser que Lucas goste de abacaxi. ☐

**g)** Pode ser que Ana goste de banana. ☐

**h)** Vitor gosta de 2 frutas. ☐

**i)** Sara não gosta de maçã. ☐

**j)** Nenhum dos 4 gosta de abacaxi. ☐

## DESAFIO COM NÚMEROS NATURAIS

**1. Os números naturais de 0 a 20.**

Escreva, a seguir, todos os números naturais de 0 a 20.

Agora, responda ao que se pede.

**a)** Quantos são os números?

**b)** Para escrevê-los, quantas vezes foi usado o algarismo 0?

**c)** Quantas vezes foi usado o algarismo 7?

**d)** Quantas vezes foi usado o algarismo 1?

**2. Descubra e responda:**

**a)** Quantos números naturais existem de 0 a 150?

**b)** Quantos números naturais existem de 247 a 593?

**3. Quantas vezes usamos o algarismo zero (0) nos casos a seguir?**

**a)** Para escrever todos os números de 0 a 120?

**b)** Para escrever todos os números naturais de 180 a 220?

# CÁLCULO MENTAL

## VALOR MÁXIMO E VALOR MÍNIMO

Em cada item, coloque os algarismos dados nos quadrinhos para obter o valor máximo e o valor mínimo no resultado das operações com números naturais.

**Número natural no resultado**

a) 4  7  Valor máximo: ☐☐ + ☐☐ = ____

   1  3  Valor mínimo: ☐☐ + ☐☐ = ____

b) 2  8  Valor máximo: ☐☐ · ☐☐ = ____

   5     Valor mínimo: ☐☐ · ☐☐ = ____

c) 3  5  Valor máximo: ☐☐ − ☐☐ = ____

   9  1  Valor mínimo: ☐☐ − ☐☐ = ____

d) 6  9  Valor máximo: ☐☐ : ☐ = ____

   3     Valor mínimo: ☐☐ : ☐ = ____

e) 4  1  Valor máximo: ☐☐☐ + ☐ = ____

   7  8  Valor mínimo: ☐☐☐ + ☐ = ____

10

# FRAÇÃO OU PORCENTAGEM DE REGIÃO PLANA

1. Em cada item, indique a fração irredutível ou a porcentagem correspondente ao que está pintado em relação à região plana inteira. Escreva, também, qual é a forma da região plana.

   a)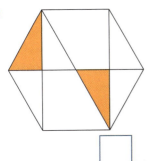

   Parte pintada: ☐/☐ da região plana _____.

   b)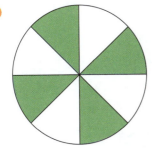

   Parte pintada: _____% da região plana _____.

   c)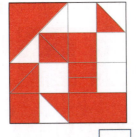

   Parte pintada: ☐/☐ da região plana _____.

   d)

   Parte pintada: _____% da região plana _____.

2. Observe a região retangular a seguir.

   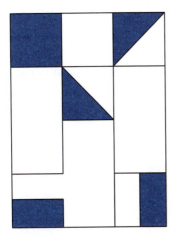

   a) Qual é a fração irredutível que indica a parte da região que está pintada de azul?

   _____

   b) Pinte de amarelo uma parte da figura de modo que o total da região plana pintada seja $\frac{5}{12}$ da região toda.

   _____

## REGULARIDADE
# ENVOLVENDO NÚMEROS RACIONAIS

1. Observe as sequências e as regularidades nas formas, nas cores e nos valores em cada uma das figuras abaixo. Em seguida, complete com mais dois termos cada sequência.

a)

b)

c)

d)

e)

2. Agora, construa e pinte o 10º termo de cada sequência da atividade **1**.

## DESAFIO COM HEXAMINÓS

As figuras a seguir são exemplos de hexaminós — peças formadas por 6 regiões quadradas iguais que possuem pelo menos um lado em comum uma com a outra.

Observe a forma, a cor e a letra correspondente a cada um desses hexaminós.

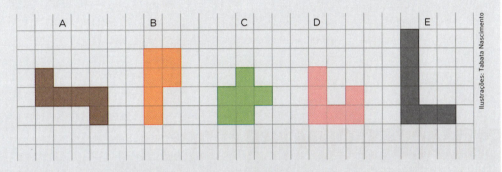

1. Copie, no espaço abaixo, a única peça acima que apresenta simetria axial. Depois, trace o seu eixo de simetria.

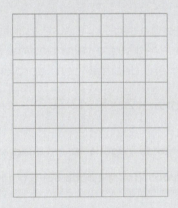

2. As figuras a seguir são contornos de regiões planas construídas com duas das peças A, B, C, D e E ou com uma mesma peça duas vezes. Em cada figura, indique que peças foram usadas e pinte cada uma delas com a cor correspondente.

a)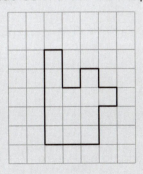

b)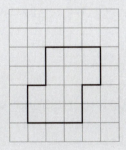

_____ e _____.              _____ e _____.

13

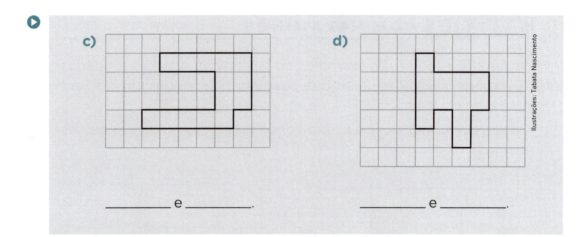

c) _____ e _____.

d) _____ e _____.

EF09MA01

# SITUAÇÕES COM NÚMEROS REAIS IRRACIONAIS

Veja as situações nos itens a seguir. Analise as informações dadas em cada um deles e, depois, calcule e registre o valor pedido, indicando o racional mais próximo na forma de número decimal com aproximação de centésimos.

**1.** Uso do número irracional $\sqrt{2} = 1{,}4142135\ldots$

> Medida de comprimento da diagonal de um quadrado $\left(d = \ell \cdot \sqrt{2}\right)$ quando a medida de comprimento do lado ($\ell$) é dada por um número racional.

Observe o cálculo da diagonal no exemplo a seguir:

(quadrado de lado 3 cm com diagonal d)

Valor exato $\Rightarrow d = 3\sqrt{2}$ cm ou $d = \sqrt{18}$ cm (irracional).

Valor aproximado $\Rightarrow d \simeq$ _____ cm (racional).

**2.** Uso do número irracional $\sqrt{3} = 1{,}7320508\ldots$

> Medida do comprimento da altura de um triângulo equilátero $\left(h = \dfrac{\ell\sqrt{3}}{2}\right)$ quando a medida de comprimento do lado ($\ell$) é dada por um número racional.

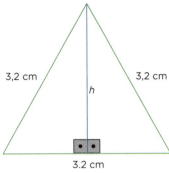

Observe o cálculo da altura no exemplo a seguir.

Valor exato $\Rightarrow h = \dfrac{3,2 \cdot \sqrt{3}}{2}$ cm ou

$h = 1,6\sqrt{3}$ cm (irracional).

Valor aproximado $\Rightarrow h \simeq$ _____ cm (racional).

**3.** Uso do número irracional $\pi = 3,1415925...$

**a)** Medida do perímetro de um circunferência ($C = 2\pi r$) quando a medida de comprimento do raio ($r$) é dada por um número racional.

Observe o cálculo do perímetro no exemplo a seguir.

Valor exato $\Rightarrow C = (2 \cdot 2,5\pi)$ cm ou $C = 5\pi$ cm, (irracional).

Valor aproximado $\Rightarrow C \simeq$ _____ cm (racional).

**b)** Medida da área de um círculo $\left(A = \pi r^2\right)$ quando a medida de comprimento do raio ($r$) é dada por um número racional.

Observe o cálculo da medida da área de um círculo no exemplo a seguir.

Valor exato $\Rightarrow A = (2,2)^2 \cdot \pi$ cm² ou $A = 4,84\pi$ cm² (irracional).

Valor aproximado $\Rightarrow A \simeq$ _____ cm² (racional).

**c)** Medida do volume de uma esfera $\left(V = \dfrac{4\pi r^3}{3}\right)$ quando a medida de comprimento do raio ($r$) é dada por um número racional.

Observe um exemplo de cálculo da medida do volume de uma esfera:

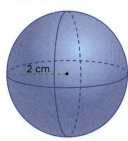

Valor exato $\Rightarrow V = \dfrac{4 \cdot \pi \cdot 2^3}{3}$ cm³ ou $V = \dfrac{32\pi}{3}$ cm³, (irracional).

Valor aproximado $\Rightarrow V \simeq$ _____ cm (racional).

**DESAFIO**

1. Complete os números dos quadradinhos em branco para que três números consecutivos da sequência tenham a soma sempre igual a ㉚.

   Sequência: 5 , ☐ , ☐ , ☐ , 11, ☐ , ☐ , ☐ , ☐ , ...

2. Com base na sequência anterior, descubra os termos indicados.

   20º termo: ☐    13º termo: ☐    18º termo: ☐

3. Trace 3 segmentos de reta na figura ao lado de modo que:
   - a região quadrada fique dividida em 7 regiões;
   - cada estrela fique sozinha em uma das regiões.

16

# CUIDADO COM AS FAKE NEWS!

Com o avanço das tecnologias da informação, os boatos e as fofocas também se tornaram digitais: são as chamadas *fake news*. O uso de notícias falsas para espalhar desinformação não é novidade, acontece desde que o ser humano se organizou em sociedade. Manipular informações por meio de *fake news* pode gerar efeitos graves.

Observe, no exemplo ao lado, como um falso boato pode se espalhar.

Em um vilarejo do interior, moravam 3 270 pessoas adultas. Entre elas havia um morador conhecido por ser muito mentiroso e especialista em difundir boatos. Certa vez, esse cidadão chegou com a "notícia" de que havia uma onça-pintada muito feroz pela região devorando animais e, com isso, espalhando muito medo.

Às 8 horas da manhã, ele contou a "novidade" para três pessoas adultas. Então, nesse horário, somente 4 pessoas tinham conhecimento dessa notícia ($1 + 3$ ou $1 + 3^1 = 4$).

Entretanto, às 8h15min, cada uma dessas 3 pessoas contou o que ouviu para outras 3. Assim, às 8h15min, sabiam do boato

$$4 + 3 \cdot 3 = 4 + 3^2 = 4 + 9 = 13 \Rightarrow 13 \text{ pessoas.}$$

Dessa forma, de 15 em 15 minutos, cada pessoa que acabara de ouvir a história passava-a para outras 3.

Calcule e responda: Em que hora do dia todos os adultos do vilarejo estavam sabendo dessa falsa história?

EF09MA06

## CÁLCULO MENTAL

## AS "MÁQUINAS DE CALCULAR" E A IDEIA DE FUNÇÃO

1. Imagine, em cada item, que uma máquina recebe um número na entrada (E) e, dependendo da sua regra (lei), fornece um número na saída (S).

   a) 
   
   E — (lei) Sai o dobro do número. — S
   
   Complete:
   - Se entrar o 5, sai o _____.
   - Se entrar o $\frac{1}{2}$, sai o _____.
   
   Se $x$ é um número colocado na entrada e $y$ é o número fornecido na saída, pinte o quadro que relaciona os valores de $y$ e $x$.
   
   | $y = x + 2$ | $x = 2y$ | $y = 2x$ | $x = y - 2$ |
   
   b)
   
   E — (lei) Sai o número mais 3. — S
   
   Ilustrações: Tabata Nascimento
   
   Complete a tabela:
   
   | E | S |
   |---|---|
   | 4 | |
   | 0 | |
   | 2,5 | |
   | $x$ | |
   
   c)
   
   E — (Lei) Sai o quadrado do número. — S
   
   Quando entrar o 3, sai o _____.
   - Quando entrar o −3, sai o _____.
   - Quando entrar o $\frac{1}{3}$, sai o _____.
   - Quando entrar o $x$, sai o $y =$ _____.

18

2. Analise todos os exemplos dados na **atividade 1** e responda.

> Nos três exemplos dados, para cada número real colocado na entrada, existe sempre um único número real na saída.

A informação acima é verdadeira ou falsa?

_____

# RETAS PARALELAS CORTADAS POR UMA TRANSVERSAL

EF09MA10

> As retas em amarelo são sempre paralelas. Descreva a posição relativa dos ângulos assinalados e registre as medidas indicadas com letras, como no item **a** já feito abaixo.

a)

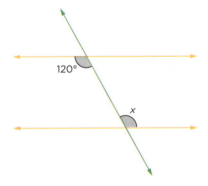

Ângulos alternos internos
$x = 120°$.

b)

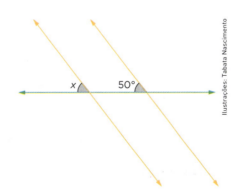

Ângulos _____.
$x = $ _____.

c)

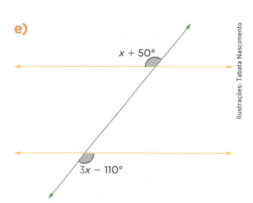

Ângulos _____.

x = _____.

d)

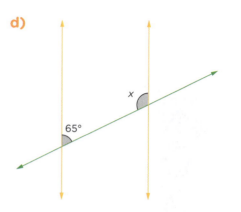

Ângulos _____.

x = _____.

e)

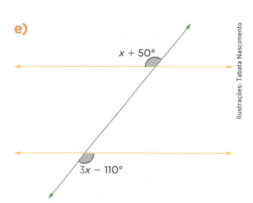

Ângulos _____.

x = _____.

f) x e y são tais que x − y = 20°.

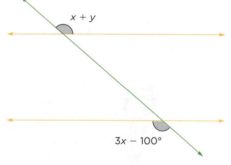

Ângulos _____.

x = _____ e y = _____.

# É HORA DE
# RESOLVER PROBLEMAS!

**1.** A viagem dos trens coloridos  e .

O trajeto de **A** até **B** mede 600 km.

O trem verde **V** vai de **A** em direção a **B** com velocidade de 75 km/h.

O trem marrom **M** vai de **B** em direção a **A** com velocidade de 100 km/h.

> Ambos vão partir às 7 horas e não haverá parada no percurso.

Veja o desenho dos trajetos divididos em 12 partes iguais cada um.

a) Marque a posição que estará cada trem às 9 horas (coloque **V** e **M** em suas posições).

b) A que distância estará um trem do outro às 9 horas? _____

c) A que horas o trem verde chegará em **B**? _____

d) A que horas o trem marrom chegará em **A**? _____

## Cálculos

# SITUAÇÃO ENVOLVENDO A IDEIA DE FUNÇÃO

(EF09MA06)

Na sorveteria "Paraíso gelado", cada picolé é vendido por R$ 5,00.

a) Complete as frases.
- 3 picolés custam R$ _____
- 7 picolés custam R$ _____
- _____ picolés custam R$ 20,00
- _____ picolés custam R$ 40,00

21

b) Indicando por x o número de picolés e y o preço a pagar por eles, pinte o quadro que indica a relação entre os valores de x e y.

$x = 5y$     $y = x + 5$     $y = 5x$     $x = y + 5$

c) Responda:
- Para todo valor de x em $\mathbb{N}$ existe sempre um valor para y? _____
- Para cada valor de x existem quantos valores para y? _____

d) Complete os valores que faltam na tabela e marque os pontos que faltam no gráfico de acordo com a situação.

Fonte: Vendas de picolés da sorveteria "Paraíso gelado".

 EF09MA19

# POSSIBILIDADES
# E A BUSCA DAS PROBABILIDADES

1. Suponha que um dado vai ser lançado e que o número de pontos da face de cima vai ser observado.

   Indique cada probabilidade a seguir com uma fração irredutível.

   a) A probabilidade de ser um número ímpar:

   _____

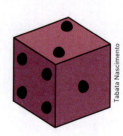

b) A probabilidade de ser um divisor de 12:

_____

c) A probabilidade de ser um número ímpar e um divisor de 12:

_____

d) A probabilidade de ser um número ímpar ou um divisor de 12:

_____

2. Essas cinco bolas foram colocadas em um saquinho para sorteio.

Três crianças retiraram uma bola cada, uma após a outra, nesta ordem:
- o 1º foi João: retirou a bola, viu a cor e devolveu a bola no saquinho;
- a 2ª foi Ana: retirou a bola, viu a cor e não devolveu a bola no saquinho;
- o 3º foi Paulo: retirou a bola e viu a cor.

Indique cada probabilidade a seguir com uma porcentagem.

a) A probabilidade de João ter retirado uma bola verde:

_____

b) A probabilidade de Ana ter retirado uma bola verde:

_____

c) A probabilidade de Paulo ter retirado uma bola verde, no caso de Ana ter retirado uma bola azul:

_____

d) A probabilidade de Paulo ter retirado uma bola verde, no caso de Ana ter retirado uma verde:

_____

(EF09MA21)

# ESTATÍSTICA EM GRÁFICO DE SEGMENTOS

O gráfico a seguir mostra como foi a venda de livros de uma livraria nas duas primeiras semanas de um determinado mês.

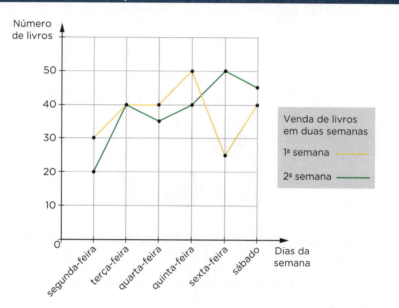

Fonte: Venda de livros.

1. Analise o gráfico, tire conclusões e responda ao que se pede e complete as lacunas.

   a) Em qual das duas semanas o número de livros vendidos foi maior? _____. Quantos livros foram vendidos a mais do que na outra? _____

   b) De terça-feira para quarta-feira da 2ª semana, o número de livros vendidos aumentou, diminuiu ou ficou o mesmo? _____. E na 1ª semana? _____

   c) Da quinta-feira para sexta-feira o número de livros vendidos diminuiu na _____ semana em _____%. Já na _____ semana, _____ em _____%.

   d) Nos 4 dias, da segunda-feira até quinta-feira, a média diária de livros vendidos na 1ª semana foi de _____ livros por dia.

   e) A média diária de livros vendidos na semana inteira foi de 37,5 livros por dia na _____ semana.

# CÁLCULO MENTAL

## QUADRADOS EM UM TABULEIRO DE XADREZ! QUANTOS SÃO?

Você sabe quantos quadradinhos há em um tabuleiro de xadrez? Não são só 64! Para descobrir a quantidade de quadradinhos, vamos utilizar uma interessante regularidade.

1. Vamos começar com esta figura: ▢

   Temos aí só um quadrado.
   Veja: $1^2 = 1$.

2. Passamos para esta figura:

   Ela tem 4 quadrados como este: ▢

   Ela tem 1 quadrado como este:

   Total: 5 quadrados.
   Veja: $4 + 1 = 5$
   ou $2^2 + 1^2 = 5$.

3. Agora, a figura é esta:

   Complete as lacunas abaixo.

   Quadrados como este: ▢

   Quantos são: _____.

   Quadrados como este:

   Quantos são: _____.

   Quadrados como este:

   Quantos são: _____.

   Total: _____ quadrados.

   _____ + _____ + _____ = _____

   ou

   _____ + _____ + _____ = _____

4. Continuando a sequência com esta figura:

   a) Deste ▢ são .
   
   b) Deste  são _____.

c) Deste  : _____.

d) Deste  : _____.

Total: _____ quadrados.

_____ + _____ + _____ + _____ = _____

ou

_____ + _____ + _____ + _____ = _____

**5.** Se você percebeu a regularidade, responda à questão inicial sem usar figuras. Faça os cálculos abaixo.

Resposta: No tabuleiro de xadrez há _____ quadrados.

`EF09MA01`

# NÚMEROS REAIS RACIONAIS E NÚMEROS REAIS IRRACIONAIS EM MEDIDAS DE COMPRIMENTO

As figuras a seguir estão desenhadas em tamanhos reais, com medidas em centímetros.

Usando uma régua, é possível chegar a um valor que permite identificar as medidas indicadas com letras e completar os quadrados que aparecem após as figuras.

Ilustrações: Dayane Raven

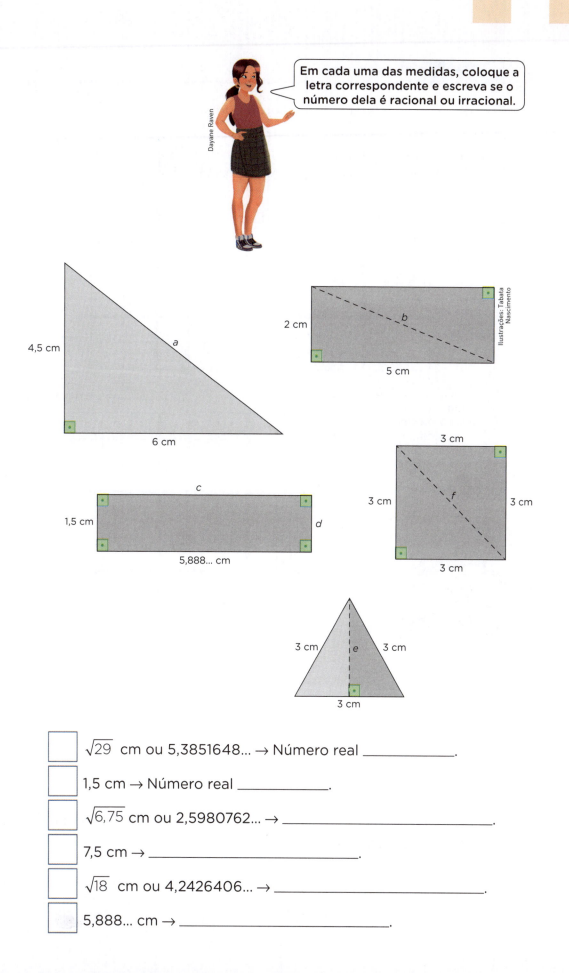

☐ $\sqrt{29}$ cm ou 5,3851648... → Número real _____.

☐ 1,5 cm → Número real _____.

☐ $\sqrt{6{,}75}$ cm ou 2,5980762... → _____.

☐ 7,5 cm → _____.

☐ $\sqrt{18}$ cm ou 4,2426406... → _____.

☐ 5,888... cm → _____.

## DESAFIO

1. Complete os dois quadros de acordo com as informações.

   a) No quadro da esquerda, as letras ao lado devem aparecer em todas as linhas e colunas do quadro maior e também dos quadros menores. A , B , C e D

   b) No quadro da direita, o mesmo deve acontecer com os números. 1 , 2 , 3 e 4

| A |   |   | C |
|---|---|---|---|
|   |   | A |   |
| B |   |   |   |
|   |   |   | A |

|   | 4 |   | 3 |
|---|---|---|---|
|   |   |   | 2 |
|   |   |   |   |
|   | 3 |   | 1 |

2. Aqui o desafio é fazer o mesmo, só que com os números de 1 a 9.

| 2 | 6 | 1 | 7 | 4 | 5 |   | 8 | 9 |
|---|---|---|---|---|---|---|---|---|
|   |   | 7 | 8 | 1 |   |   |   |   |
|   | 4 |   |   | 2 |   | 7 |   |   |
|   |   | 2 |   | 1 |   | 4 | 5 | 6 |
| 4 | 7 |   |   | 6 | 5 |   | 2 | 3 |
| 6 | 1 |   |   |   | 7 |   | 4 |   |
|   |   | 4 |   |   |   | 2 | 6 | 7 | 1 |
|   | 9 |   |   | 4 | 6 | 1 |   |   |
| 1 |   |   |   |   |   | 4 |   |   |

# CONJUNTOS DOS NÚMEROS REAIS E SEUS SUBCONJUNTOS

1. Coloque na posição correta os símbolos e os nomes correspondentes aos conjuntos representados.

ℤ
Inteiros

Irr
Irracionais

ℝ
Reais

ℕ
Naturais

ℚ
Racionais

_____ = {0, 1, 2, 3, 5, ...} números _____.

_____ = {..., −2, −1, 0, 1, 2, ...} números _____.

_____ = $\{x \mid x = \dfrac{p}{q}$, com $p \in \mathbb{Z}, q \in \mathbb{Z}$ e $q \neq 0\}$ números _____.

_____ = {x | x é decimal infinita não periódica} números _____.

_____ = {x | ∈ ℚ ou x ∈ 𝕀rr} números _____.

**2.** Coloque os símbolos dos conjuntos acima na posição correta, no diagrama a seguir.

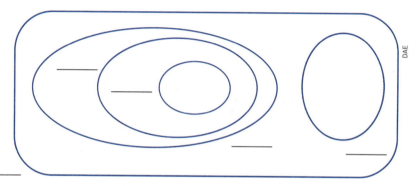

**3.** Complete com os símbolos dos conjuntos ℕ, ℤ, ℚ, 𝕀rr e ℝ.

a) −3 pertence a _____, _____ e _____.

b) $\dfrac{4}{5}$ pertence a _____ e _____.

c) π = 3,14159... pertence a _____ e _____.

d) 0 pertence a _____, _____, _____ e _____.

# DIAGRAMA DE PALAVRAS COM NOMES DE ÂNGULOS

Escreva o nome que é dado a cada ângulo indicado. Utilize uma letra em cada quadrinho.

Mede 90°.          Ângulos na circunferência.

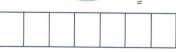

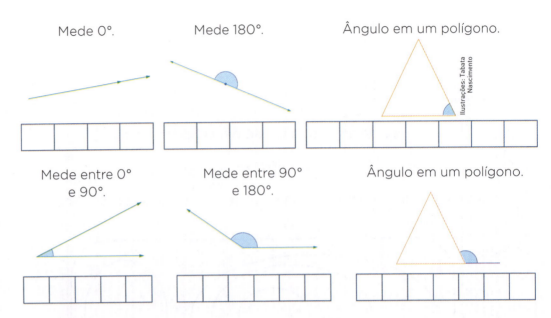

Agora, coloque todos os nomes registrados no diagrama de palavras a seguir.

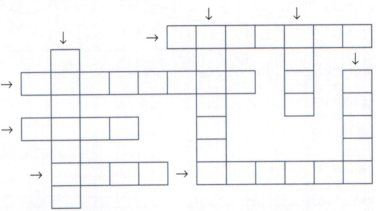

EF09MA05

# É HORA DE
# RESOLVER PROBLEMAS!

Você se lembra das porcentagens? Procure entender o porquê das afirmações a seguir!

Se um valor $x$ é acrescido de 25%, o novo valor é $1,25x$.

E se um valor $x$ é reduzido em 25%, o novo valor é $0,75x$.

Use essas ideias para resolver os problemas envolvendo acréscimo e decréscimo a seguir e complete os enunciados.

1. Um livro custava R$ 60,00 e teve seu preço aumentado em 8%.

   Agora ele custa R$ _____.

2. Uma geladeira que custa R$ 2.500,00 está sendo vendida em uma promoção com desconto de 5%.

   Seu preço, nessa promoção, é de R$ _____.

Ilustrações: Tabata Nascimento

3. Um terreno retangular teve seu comprimento de 200 m aumentado em 10%, e sua largura, de 120 m, reduzida em 10%.

   a) A medida do perímetro era _____ m e ficou

      _____ m.

   b) A medida da área era _____ $m^2$ e ficou

      _____ $m^2$.

# SITUAÇÕES ENVOLVENDO MEDIDAS

1. Suponha que você tem uma balança de pratos e as esferas com cores e medidas de massa designadas a seguir. Para cada item abaixo, distribua as esferas de modo a satisfazer a condição pedida com a balança em equilíbrio.

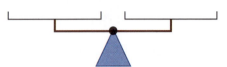

15 g        25 g        15 g        5 g        20 g

Ilustrações: Tabata Nascimento

a) Com uma esfera em cada prato.

c) Com duas esferas em um prato e uma esfera em outro.

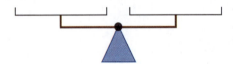   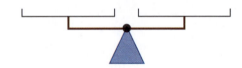

b) Com duas esferas em cada prato.

d) Usando as 5 esferas.

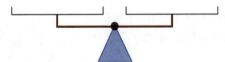   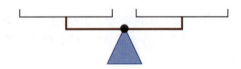

2. Considere as cinco esferas da **atividade 1**. Distribua duas esferas de medidas de massa diferentes em um prato e três esferas no outro de modo que a medida de massa total em um deles seja 60% da medida total do outro.

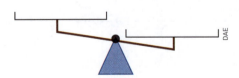

Prato da esquerda: _____

Prato da direita: _____

_____ = 60% de _____

32

# LOCALIZAÇÃO DE NÚMEROS REAIS NA RETA NUMERADA

EF09MA02

**1.** Marque cada número real abaixo no ponto marcado com •, que indica sua posição na reta numerada.

$$-2\frac{2}{7} \quad \pi \quad 1\frac{5}{8} \quad \sqrt{5} \quad -2{,}72 \quad 3\sqrt{2} \quad 1{,}222\ldots$$

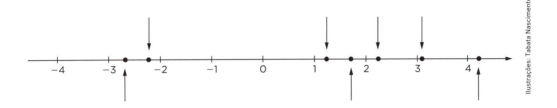

**2.** Em cada item escreva, nos extremos do intervalo, entre quais números inteiros consecutivos fica o número real dado. Depois, indique sua posição mais aproximada do intervalo entre essas a seguir.

Antes de responder, veja os exemplos.

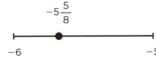 

**a)** 23,818181...

**b)** $\sqrt{63}$

**c)** −17,5

**d)** $5\sqrt{2}$

**e)** $-28\frac{8}{9}$

**f)** $\frac{85}{8}$

33

# LOCALIZAÇÃO DE PARES ORDENADOS NO PLANO CARTESIANO

`EF09MA02`

1. Marque a letra no ponto marcado com •, correspondente a cada par ordenado de números reais dados.

   A(1, 2)

   B(2, 1)

   C(−2, −1)

   D(−1, −2)

   E(1, −1)

   F(−2, 0)

   $G\left(0, \dfrac{1}{2}\right)$

   H(1,5; 0,5)

   $I\left(\sqrt{2}, -2\right)$

   J(−1,444...; 2)

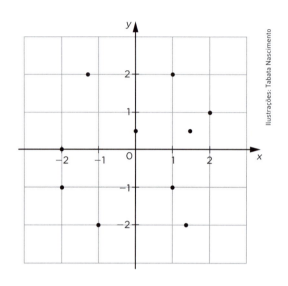

2. Agora, marque a letra correspondente no par ordenado de acordo com o ponto assinalado.

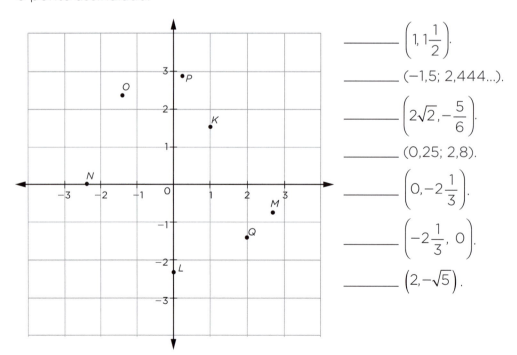

_____ $\left(1, 1\dfrac{1}{2}\right)$.

_____ (−1,5; 2,444...).

_____ $\left(2\sqrt{2}, -\dfrac{5}{6}\right)$.

_____ (0,25; 2,8).

_____ $\left(0, -2\dfrac{1}{3}\right)$.

_____ $\left(-2\dfrac{1}{3}, 0\right)$.

_____ $\left(2, -\sqrt{5}\right)$.

# DESCOBRIR E DESENHAR

**1.** Em cada item desta atividade, use peças como essas ao lado para desenhar, em papel quadriculado de 1 cm, três regiões:

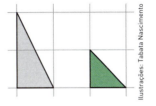

| Uma região quadrada. | (I) |
| Uma região retangular não quadrada. | (II) |
| Uma região não retangular. | (III) |

> **ATENÇÃO**
> Em todas as regiões desenhadas, cada peça deve aparecer pelo menos uma vez, e o número total de peças deve ser o menor possível em cada construção.

**a)** Neste item, as 3 regiões devem ter a mesma medida de área ($A$). Desenhe e escreva a medida em $cm^2$.

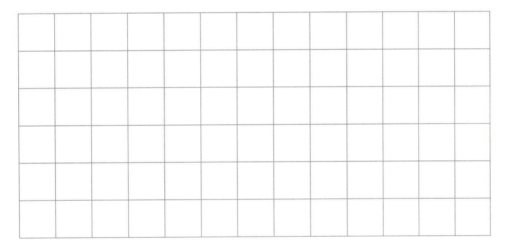

**b)** Neste item, as 3 regiões devem ter a mesma medida de perímetro ($P$). Desenhe e escreva a medida em cm.

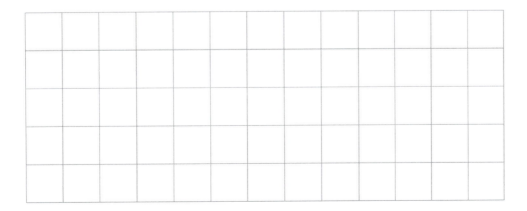

# CÁLCULO MENTAL

## NÚMEROS REAIS NO DIAGRAMA

1. Observe os números reais que aparecem nos quadros e coloque-os no lugar correto do diagrama a seguir.

   Lembre-se: cada número só deve aparecer uma vez no diagrama.

   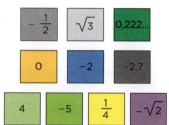

   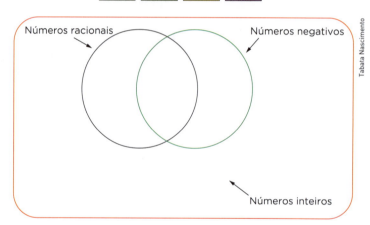

2. Nesta atividade, use os números da **atividade 1** e indique:

   a) o maior dos números inteiros negativos → ☐;

   b) o número que não é positivo nem negativo → ☐;

   c) o número irracional positivo → ☐;

   d) o maior dos números racionais não inteiros → ☐;

   e) o número correspondente a $-0,5$ → ☐;

   f) o menor dos dez números → ☐;

   g) o número correspondente a $\dfrac{2}{9}$ → ☐.

# OPERAÇÕES COM NÚMEROS REAIS

EF09MA03

Em cada item, coloque o número que falta na lacuna para completar a operação. Depois, use três números entre os que aparecem nos quadrinhos a seguir para escrever os dois termos iniciais e o resultado da operação.

| $\sqrt{8}$ | $2,5 \cdot 10^3$ | $\sqrt{9}$ | $2^4$ |
| $6^{-1}$ | $\sqrt{180}$ | $0,666...$ | $\sqrt{20}$ |
| $(-10)^2$ | $\left(2\dfrac{1}{2}\right)^{-1}$ | $625^{\frac{1}{2}}$ | $\sqrt{32}$ | $0,6$ |
| $8^{\frac{1}{3}}$ | $\sqrt{72}$ | $(-5)^{-1}$ | $\left(\dfrac{1}{2}\right)^{-3}$ | $0,8333...$ |

a) ☐ : ☐ = _____ : 2 = 8 = ☐

b) ☐ + ☐ = $4\sqrt{2}$ + _____ = $6\sqrt{2}$ = ☐

c) ☐ − ☐ = $\dfrac{2}{5} - \dfrac{3}{5}$ = _____ = ☐

d) ☐ · ☐ = _____ · 100 = 2500 = ☐

37

e) ☐ + ☐ = $\frac{4}{6}$ + _____ = $\frac{5}{6}$ = ☐

f) ☐ : ☐ = $6\sqrt{5}$ : 3 = _____ = ☐

# EXPRESSÕES ALGÉBRICAS E SEQUÊNCIAS

1. Complete as sequências de acordo com esta instrução:

Cada termo, a partir do 2º, deve ser o valor numérico da expressão algébrica dada quando $x$ é igual ao termo anterior.

Dayane Raven

**Expressões algébricas** **Sequência**

a) $3x + 1$ → 0 , 1 , 4 , 13 e ☐

b) $x^2 + x$ → 1 , 2 , ☐ , ☐ e ☐

c) $\frac{x}{3}$ → 2 , ☐ , ☐ , ☐ e ☐

38

2. Analise os termos conhecidos da sequência, registre a expressão correspondente ao termo geral e complete a sequência com os termos que faltam.

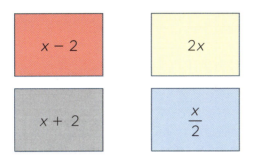

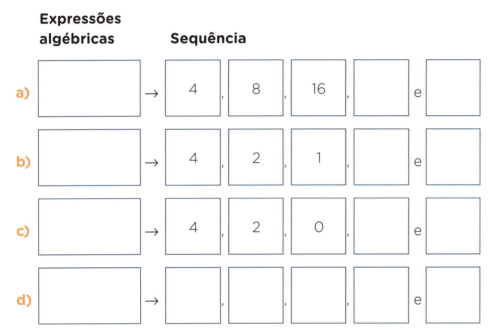

# É HORA DE
# ELABORAR PROBLEMAS!

Complete adequadamente o enunciado de cada problema para que ele tenha a resposta dada. Depois, verifique seu resultado.

1. Paulo tinha R$ _____ e gastou _____ dessa quantia na compra de um livro. Com quantos reais ele ficou?

   **Resposta**: Paulo ainda ficou com R$ 12,00.

**Verificação**:

**2.** Um terreno retangular tem medida de área igual a _____ m².

Mantendo a medida do comprimento e aumentando _____% da largura, obtemos um terreno quadrado. Qual é a medida da área desse terreno quadrado?

**Resposta**:

A medida da área desse terreno quadrado é 81 m².

**Verificação**:

**3.** Um vasilhame tem a forma cúbica com arestas de _____ cm

e está com _____% de sua capacidade com água. Para ficar totalmente cheio, quantos litros de água devem ser colocados nele?

**Resposta**:

Devem ser colocados 6 litros de água no vasilhame.

**Verificação**:

# MEDIDAS DE PERÍMETRO (P), DE ÁREA (A) E DE VOLUME (V): VAMOS RETOMAR?

## Medidas de perímetro (P) e medidas de área (A)

Registre a fórmula para o cálculo em cada caso. Use as fórmulas mostradas nas caixas para calcular o perímetro e a área das figuras a seguir.

$P = a + b + c$  $P = 3\ell$  $P = 4\ell$  $A = \dfrac{a \cdot h}{2}$  $A = \dfrac{(B+b) \cdot h}{2}$

$P = 2a + 2b$  $P = 4a$  $P = 2\pi a$

$P = B + a + b + c$  $A = a \cdot b$  $A = a^2$  $A = \dfrac{\ell \cdot h}{2}$  $A = \dfrac{d \cdot D}{2}$

**a)** Região **quadrada**:

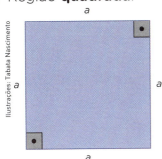

P = _____

A = _____

**b)** Região **retangular**:

P = _____

A = _____

**c)** Região limitada por **trapézio** com base maior de medida B, base menor de medida b e altura de medida h:

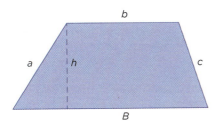

P = _____

A = _____

**d)** Região limitada por **losango** com diagonal maior de medida D e diagonal menor d:

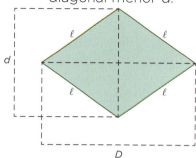

P = _____

A = _____

**e)** Região **triangular**:

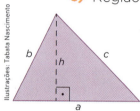 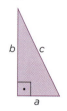 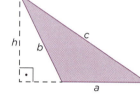

com h = b

P = _____

A = _____

**f)** Região **triangular equilátera**:

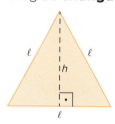

P = _____

A = _____ com h = _____

**g)** Região **circular** com raio de medida a:

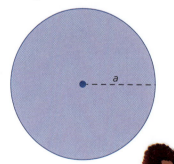

P = _____

A = _____

sendo π = _____

Quando as medidas de comprimento são dadas em cm, m, km etc., as medidas de perímetro são dadas em cm, m, km etc. e as medidas de área em cm², m², km² etc., respectivamente.

**h)** As figuras ao lado mostram duas praças, uma circular e outra retangular, com suas medidas.

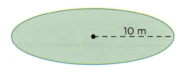

Use π = 3,1, considere 4 pessoas por m², calcule e responda:

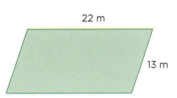

- Em qual das praças cabem mais pessoas?
  _____

- Quantas pessoas a mais do que na outra?
  _____

## Medidas de volume (V)

Quando as medidas de comprimento são dadas em cm, m, dm etc., as medidas de volume são dadas em cm³, m³, dm³ etc., respectivamente.

Veja nas caixas abaixo as fórmulas que devem ser usadas nos itens a seguir.

$V = a \cdot b \cdot c$

$V = B \cdot h$

$V = \dfrac{B \cdot h}{3}$

$V = \dfrac{4\pi r^3}{3}$

$V = a^3$

**a)** Prismas retos e cilindros retos com área da base de medida B e altura de medida h:

V = _____

Casos particulares de prismas:

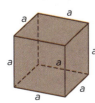  V = _____

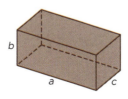  V = _____

43

**b)** Pirâmides retas e cones retos com área de base de medida *B* e altura de medida *h*:

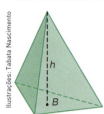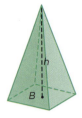

$V = $ _____

**c)** Esfera com raio de medida *r*.

$V = $ _____ com $\pi \cong$ _____

## Relação entre as medidas de volume e de capacidade

> A medida de capacidade de um sólido geométrico é 1 litro quando a medida de seu volume é 1 decímetro cúbico (1 L = 1 dm³).

**1.** Use as igualdades 1 m³ = 1000 dm³ e 1 dm³ = 1000 cm³ e complete mais estas correspondências:

| 1 m³ = _____ L |

| 1 L = _____ cm³ |

**2.** Um reservatório cúbico tem arestas de 5,5 m. Outro reservatório, em forma de paralelepípedo, tem dimensões de 8,5 m, 3,5 m e 4,5 m.

**a)** Em qual deles cabe mais água?

_____

**b)** Quantos litros de água a mais do que no outro?

_____

44

# DOBRADURAS, RECORTES E ESTIMATIVAS

1. Providencie 5 peças quadradas como a que aparece no item **a**. Em cada um dos itens, faça o mesmo tipo de dobradura e recorte o que está indicado. Depois, desdobre a peça e desenhe a figura obtida.

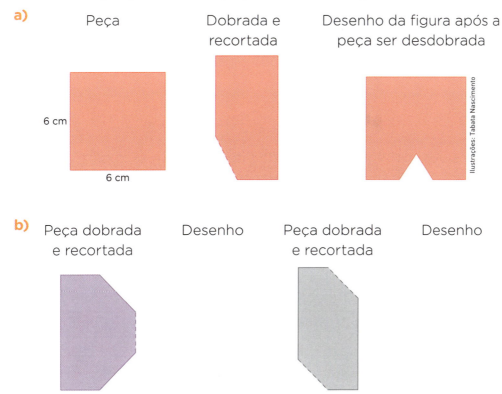

a) Peça — Dobrada e recortada — Desenho da figura após a peça ser desdobrada

6 cm  
6 cm

Ilustrações: Tabata Nascimento

b) Peça dobrada e recortada — Desenho — Peça dobrada e recortada — Desenho

## Estimativas

2. Nesta atividade, siga as instruções em cada item.
   - Observe a peça dobrada e recortada.
   - Desenhe em uma folha de papel à parte sua estimativa de como será a figura após a peça ser desdobrada.
   - Faça o processo concretamente para conferir sua estimativa.
   - Finalmente desenhe a figura com a peça desdobrada.

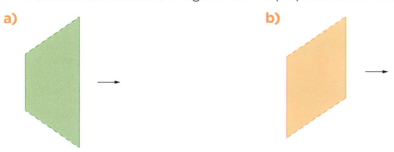

a)   b)

EF09MA09

# FATORAÇÃO DE EXPRESSÃO ALGÉBRICA

Fatorar uma expressão algébrica significa transformá-la em um produto de duas ou mais expressões.

1. Considere os seguintes casos de fatoração com exemplos:

| $x^2 + x = x(x+1)$ | $x^2 + 2x + 1 = (x+1)^2$ | $x^2 - 1 = (x+1) \cdot (x-1)$ |
| :---: | :---: | :---: |
| Fator comum em evidência | Trinômio quadrado perfeito | Diferença entre dois quadrados |

Em cada item, pinte o quadrado com o resultado obtido pela fatoração da expressão dada. Use a cor correspondente ao caso de fatoração usado.

a) $x^2 - 49$ → $(x-7)^2$    $(x+7) \cdot (x-7)$    $x(x-49)$

b) $4x^2 + 12x + 9$ → $(2x+3)^2$    $2x(2x+3)$    $(2x+3) \cdot (2x-3)$

c) $x^2 - 16x$ → $(x-4) \cdot (x-4)$    $x(x-16)$    $(x-4)^2$

2. Ligue cada expressão ao produto obtido com sua fatoração.

$25y^2 - 10y + 1$      $(5y-1)(5y-1)$

$25y^2 - 1$      $y \cdot (25y - 1)$

$25y^2 - 1y$      $(5y+1)(5y-1)$

$3y^3 - 75y$      $(3y)(y+5)(y-5)$

# DESAFIO COM ADIÇÃO, MULTIPLICAÇÃO OU POTENCIAÇÃO

EF09MA03

Em cada item, use uma das seguintes operações: adição, multiplicação ou potenciação. Depois, siga o sentido das setas, descubra o segredo e complete os quadrinhos que faltam.

a)
| → | 99 | 47 | 146 |
|---|---|---|---|
| → | $\frac{4}{9}$ | $\frac{1}{9}$ | $\frac{5}{9}$ |
| → | 3,4 | 4,7 | |
| → | −8 | +3 | |

b)
| → | −7 | −2 | 14 |
|---|---|---|---|
| → | 3,2 | 0,3 | |
| → | $2\sqrt{3}$ | 5 | |
| → | $\sqrt{3}$ | $\sqrt{2}$ | $\sqrt{6}$ |

c) ↓ ↓ ↓ ↓
| $x+3$ | $x+3$ | $x-3$ | $a+b$ |
|---|---|---|---|
| $x+3$ | $x-3$ | $x-3$ | $a-b$ |
| $x^2+6x+9$ | $x^2-9$ | | |

d) ↓ ↓ ↓ ↓
| −8 | −2 | −4 | 7 |
|---|---|---|---|
| 2 | 4 | 3 | 0 |
| 64 | | −64 | |

e)
| → | $4x$ | $3x$ | $7x$ |
|---|---|---|---|
| → | $3x+y$ | $y-1$ | $3x+2y-1$ |
| → | $5x+1$ | $2x-3$ | |
| → | $a+b$ | $a-b$ | |

f) ↓ ↓ ↓ ↓
| 7 | 2 | −2 | 9 |
|---|---|---|---|
| 2 | −3 | 3 | $\frac{1}{2}$ |
| 49 | $\frac{1}{8}$ | | |

47

g) →

| 0,222... | $1\dfrac{7}{9}$ | 2 |
|---|---|---|
| → 0,94 | 0,06 | 1 |
| → −7 | +7 | |
| → −6 | +5 | |

## DEDUÇÕES LÓGICAS

# VAMOS FAZER?

Escreva a conclusão a partir da informação dada.

a) Se $9x^2 - 4 = 0$, então $x =$ _____ ou $x =$ _____.

b) Se $x = \dfrac{1}{3}$, então o valor numérico de $\dfrac{x}{4} - 1$ é = _____.

c) Se 15% de $x =$ R$ 63,00, então $x =$ _____.

d) Se $\triangle ABC$ tem $\hat{A}$ de 48° e $\hat{B}$ de 33°, então $\hat{C}$ tem _____.

e) Se o preço de 6 cadernos é R$ 38,40, então o preço de 2 cadernos é _____.

f) Se a diferença entre dois números é 22 e o maior deles é o triplo do menor, então os números são _____ e _____.

g) Se $\overrightarrow{OR}$ é a bissetriz de $A\hat{O}B$ e $B\hat{O}R$ mede 62°, então $A\hat{O}B$ mede _____ e $A\hat{O}R$ mede _____.

h) Se x% de 350 = 77, então x = _____.

i) Se a medida do perímetro de uma região retangular é 21 cm e a medida da largura é 3 cm, então a medida da área é _____.

# CASOS DE SEMELHANÇA DE TRIÂNGULOS: AA, LLL E LAL

EF09MA12

### ATENÇÃO

- Dizemos que △ABC e △A'B'C' são semelhantes quando têm os mesmos ângulos e os lados correspondentes com medidas proporcionais.
  Indicamos assim: △ABC ~ △A'B'C'
- Os casos de semelhança de triângulos nos mostram as informações que já garantem a semelhança de dois triângulos sem a necessidade de analisar todos os ângulos e todos os lados.

1. Observe o △ABC e construa em A' e B' ângulos congruentes a $\hat{A}$ e $\hat{B}$, de modo a obter △A'B'C'. Depois, responda às perguntas.

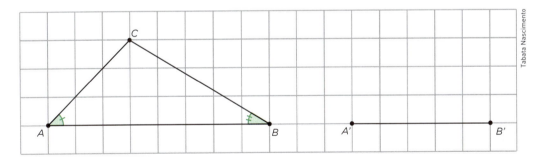

a) É possível afirmar que △ABC e △A'B'C' sejam semelhantes?

_____

_____

b) Em caso positivo, que caso garante a semelhança?

_____

_____

_____

49

**2.** Observe as figuras e complete a igualdade com uma fração irredutível:

$$\frac{AB}{A'B'} = \underline{\hspace{4cm}}$$

Agora, marque o ponto C' de modo que $C'\widehat{A}'B' \cong \widehat{A}$ e $\frac{AC}{A'C'} = \frac{AB}{A'B'}$.

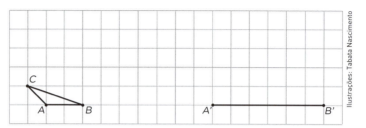

Que caso garante que $\triangle ABC \sim \triangle A'B'C'$?

_____

**3.** Observe as figuras e descubra quais são os dois triângulos semelhantes.

$$\triangle \underline{\hspace{2cm}} \sim \triangle \underline{\hspace{2cm}}$$

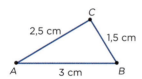
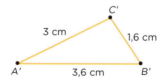
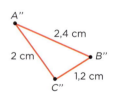

- Qual caso de semelhança de triângulos justifica sua resposta?

_____

# SÃO SEMELHANTES, NÃO SÃO SEMELHANTES OU PODEM SER OU NÃO SEMELHANTES

EF09MA12

A partir das informações dadas em cada item sobre dois triângulos, registre se eles **são semelhantes**, **não são semelhantes**, ou se **podem ou não ser semelhantes**.

a) △ABC com lados de 6 cm, 9 cm e 12 cm e △EFG com lados de 10 cm, 15 cm e 20 cm. →  _____

b) △XYZ tem medida de perímetro igual a 20 cm e △RSP tem medida de perímetro igual a 10 cm. →  _____

c) △HIJ é equilátero e △MNO é equilátero. →  _____

d) △SHV é triângulo retângulo e △AFM é acutângulo. →  _____

e)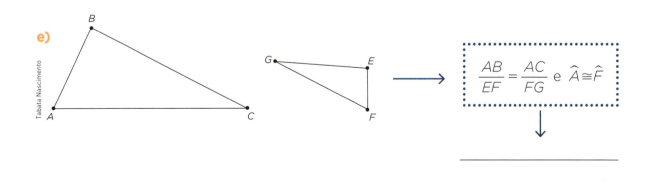

$\dfrac{AB}{EF} = \dfrac{AC}{FG}$ e $\widehat{A} \cong \widehat{F}$

_____

**f)**

△XWS tem um ângulo de 40° e △VCH tem um ângulo de 100°. →

_____

_____

**g)**

△CDE tem lados de 12 cm, 20 cm e 16 cm e △XRZ tem lados de 9 cm, 15 cm e 14 cm. →

_____

_____

## DESAFIOS E "PEGADINHAS"

**1. Desafios com números primos**

Faça o que se pede nos itens a seguir.

**a)** Escreva todos os números primos até 20.

☐ , ☐ , ☐ , ☐ , ☐ , ☐ , ☐ e ☐

Descubra e registre o menor número natural que é múltiplo dos cinco primeiros números primos.

_____

_____

**b)** Agora, escreva todos os números primos de 20 até 50.

☐ , ☐ , ☐ , ☐ , ☐ , ☐ e ☐

Descubra e registre qual desses números primos é divisor de 111, de 222, de 333, de 444, de 555, de 666, de 777, de 888 e de 999.

É o número: _____ .

**2. Duas "pegadinhas"**

Faça o que se pede nos itens a seguir.

**a)** Usando palitos foi escrita uma igualdade falsa, com numeração romana. Veja:

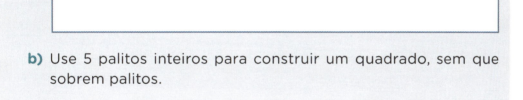

IX = I + X, ou seja, 9 = 1 + 10 (falsa).

Torne a igualdade verdadeira sem mexer nos palitos.

**b)** Use 5 palitos inteiros para construir um quadrado, sem que sobrem palitos.

EF09MA21

# CÁLCULO MENTAL

## DADOS ESTATÍSTICOS EM UM CAMPEONATO DE FUTEBOL

No campeonato de futebol da escola, a equipe de Beto disputou 5 partidas. Veja no gráfico a seguir o desempenho dessa equipe.

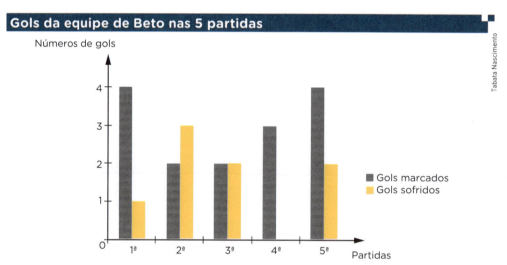

**Gols da equipe de Beto nas 5 partidas**

Fonte: Dados fictícios.

A partir das informações do gráfico, responda ou complete.

a) Na 1ª partida a equipe venceu, perdeu ou empatou? _____.

   Qual foi a contagem? _____.

b) Em qual partida a equipe foi derrotada? _____.

   Qual foi a contagem? _____.

c) Nas 5 partidas, o número de vitórias foi _____, o número de derrotas _____ e o número de empates _____.

d) Nas 5 partidas, a equipe marcou _____ gols e sofreu _____ gols.

e) Nas 5 partidas, a média aritmética simples de gols marcados foi de _____ gols por partida.

f) Nas 5 partidas, a média de gols sofridos foi de _____ gol por partida.

g) Considerando 3 pontos por vitória, 1 ponto por empate e nenhum ponto por derrota, nas 5 partidas a equipe obteve _____ pontos.

# TRANSFORMAÇÕES GEOMÉTRICAS NO PLANO CARTESIANO

1. Marque os pontos e as respectivas letras no plano cartesiano.
   - A(–7, 4); B(–6, 1); C(–5, 2); A'(–1, 4); B'(–4, 3) e C'(–3,2)
   - D(1, 4); E(2, 1); F(3, 2); D'(5, 4); E'(6, 1) e F'(7,2)
   - G(–7, –1); H(–6, –4); I(–5, –3); G'(–1, –1); H'(–2, –4) e I'(–3,–3)
   - J(1, –1); K(2, –4); L(3, –3); J'(7, –5); K'(6, –2) e L'(5, –3)

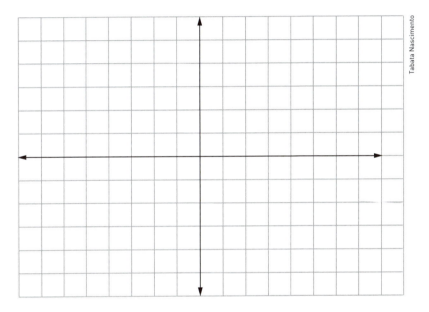

2. Agora, trace os seguintes triângulos:
   - △ABC
   - △A'B'C'
   - △GHI
   - △G'H'I'
   - △DEF
   - △D'E'F'
   - △JKL
   - △J'K'L'

3. Registre o que se pede considerando as transformações efetuadas a partir dos △ABC, △DEF, △GHI e △JKL para obter △A'B'C', △D'E'F', △G'H'I' e △J'K'L', respectivamente.

   a) Uma translação leva △ _____ ao △ _____

   b) Uma rotação de 90° no sentido horário em torno de um ponto O leva △ _____ ao △ _____. Marque o ponto O no gráfico.

   c) Uma reflexão central (rotação de 180° em torno do ponto Q) leva △ _____ ao △ _____. Marque o ponto Q.

   d) Uma reflexão axial leva △ _____ ao △ _____. Trace a reta r, eixo de simetria.

# É HORA DE
# ELABORAR E RESOLVER PROBLEMAS!

Use os valores a seguir para completar, de forma adequada, o enunciado dos problemas. Depois, resolva-os e escreva as respostas.

| 93 m² | 170 cm | R$ 50,00 | R$ 4,25 |
| 168 cm | 1,75 m | R$ 35,50 | 15,5 m |

**1.** Marina comprou um livro que custou R$_____, uma caneta que custou R$ _____ e pagou com uma nota de R$ _____. Quanto Marina recebeu de troco?

**Resposta:** _____.

**2.** Pedro, Carlos e Mauro são três amigos. O mais alto deles tem altura de _____, o mais baixo _____ e o terceiro _____. Qual é a média de altura do grupo em metros?

**Resposta:** _____.

56

**3.** Em um terreno retangular a medida de uma das dimensões é _____ e a medida da área é _____.
Qual é a medida do perímetro desse terreno?

**Resposta:** _____.

# CONSTRUÇÃO E INTERPRETAÇÃO DE TABELAS E GRÁFICOS

EF09MA21

A tabela e os gráficos a seguir mostram o resultado de uma pesquisa realizada em três classes (9º A, 9º B e 9º C) sobre a fruta preferida entre uva, laranja, maçã e pera.

- Complete o que falta na tabela e nos gráficos.

| 9º A (30 VOTANTES) ||
| Frutas | Votos |
|---|---|
| U | 8 |
| L | 6 |
| M | 6 |
| P |  |

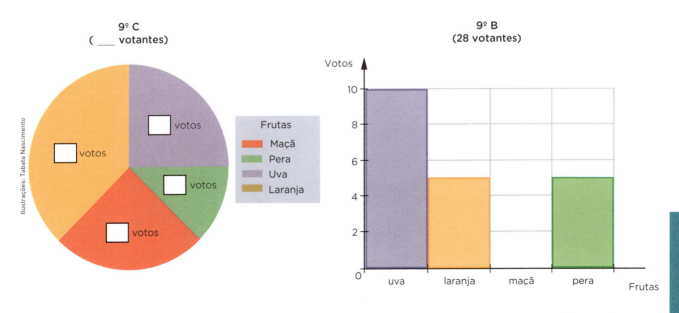

Fonte: Dados fictícios.

- Agora, responda ou complete de acordo com as informações obtidas.

a) Em que classe a laranja e a pera tiveram o mesmo número de votos?
   _____

b) Em que classe a laranja e a maçã tiveram o mesmo número de votos?
   _____

c) No 9º ano C, uva teve qual porcentagem de votos?
   _____

- Complete a tabela que registra a votação das três classes juntas.

**FRUTAS PREFERIDAS**

_____ votantes

| Frutas |  |  |  |  |
|---|---|---|---|---|
| Votos |  |  |  |  |

### DESAFIO

1. Em todos os dados, a soma dos pontos de duas faces opostas é 7.
   Nas pilhas de dados colocadas sobre uma mesa, mostradas a seguir, faces que se tocam têm o mesmo número de pontos.

   O desafio é descobrir e registrar a face que toca a superfície da mesa, em cada pilha.

2. Agora, responda:

a) Em que casos a face que toca a superfície da mesa tem o mesmo número de pontos que a face superior da pilha?

_____

b) E nos demais casos, quantos pontos ela tem?

_____

c) Se em uma pilha com 11 dados a face superior da pilha tem 1 ponto, quantos pontos tem a face que toca a superfície da mesa?

_____

# PROCESSOS PARA RESOLUÇÃO DE EQUAÇÕES POLINOMIAIS DO 2º GRAU

EF09MA09

Veja o processo usado em cada atividade, no exemplo dado, e resolva a equação da direita usando o mesmo processo.

1. a) $9x^2 - 25 = 0$

b) $10x^2 - 40 = 0$

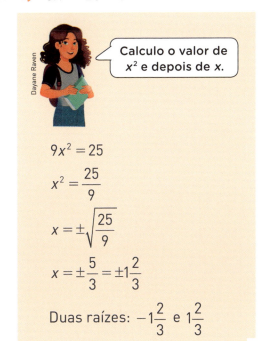

Calculo o valor de $x^2$ e depois de $x$.

$9x^2 = 25$

$x^2 = \dfrac{25}{9}$

$x = \pm\sqrt{\dfrac{25}{9}}$

$x = \pm\dfrac{5}{3} = \pm 1\dfrac{2}{3}$

Duas raízes: $-1\dfrac{2}{3}$ e $1\dfrac{2}{3}$

**Observação:** quando o valor de $x^2$ é negativo, a equação não tem raízes em $\mathbb{R}$.

59

**2. a)** $x^2 + 6x + 9 = 0$

*Faço a fatoração do trinômio quadrado perfeito, acho o valor de $(x+3)^2$ e depois de **x**.*

$(x+3)^2 = 0$
$x + 3 = 0$
$x = -3$
Uma só raiz: $-3$

**b)** $9x^2 - 6x + 1 = 0$

**3. a)** $36x^2 - 1 = 0$

*Faço a fatoração de $36x^2 - 1$ e uso o fato de que se um produto vale 0, então um dos fatores é 0.*

$(6x + 1) \cdot (6x - 1) = 0$
$6x + 1 = 0$ ou $6x - 1 = 0$
$x = -\dfrac{1}{6}$ ou $x = \dfrac{1}{6}$

Duas raízes: $-\dfrac{1}{6}$ e $\dfrac{1}{6}$

**b)** $x^2 - 49 = 0$

**4. a)** $5x^2 - 30x = 0$

*Faço a fatoração de $5x^2 - 30x$ colocando $5x$ em evidência e uso a mesma propriedade da atividade anterior.*

$5x \cdot (x - 6) = 0$
$5x = 0$ ou $x - 6 = 0$
$x = 0$ ou $x = 6$
Duas raízes: 0 e 6

**b)** $2x^2 + x = 0$

60

**5. a)** $x^2 - 5x + 6 = 0$

Procuro dois números com soma igual a $-\dfrac{b}{a}$ e produto igual a $\dfrac{c}{a}$.

Como $-\dfrac{b}{a} = \dfrac{5}{1} = 5$ e $\dfrac{c}{a} = \dfrac{6}{1} = 6$
então as raízes são 3 e 2, pois
$3 + 2 = 5$ e $3 \cdot 2 = 6$
Duas raízes: 2 e 3

**b)** $2x^2 - 14x + 20 = 0$

**6. a)** $3x^2 + 5x - 2 = 0$

Nesta atividade, resolva cada caso pela chamada Fórmula de Bhaskara.

Equação: $ax^2 + bx + c = 0$, com $a$, $b$ e $c$ números reais e $a \neq 0$

Calcule o valor do discriminante $\Delta = b^2 - 4ac$

Depois, calcule o valor real de $x$, se existir: $x = \dfrac{-b \pm \sqrt{\Delta}}{2a}$

Exemplo: $3x^2 + 5x - 2 = 0$
$a = 3 \quad b = 5 \quad c = -2$
$\Delta = 5^2 - 4 \cdot 3 \cdot (-2) = 25 + 24 = 49$

$x = \dfrac{-5 \pm 7}{6} \begin{cases} x' = \dfrac{2}{6} = \dfrac{1}{3} \\ x'' = -\dfrac{12}{6} = -2 \end{cases}$ Raízes: $-2$ e $\dfrac{1}{3}$

Quando $\Delta = 0$, a equação tem uma única raiz real; quando $\Delta < 0$, a equação não tem raiz real.

**b)** $6x^2 - 7x + 2 = 0$

c) $9x^2 - 12x + 4 = 0$

d) $3x^2 + 2x + 1 = 0$

### DESAFIO

7. Resolva a equação $x^2 - 20x + 100 = 0$ usando três processos diferentes.

   a) $x^2 - 20x + 100 = 0$

   b) $x^2 - 20x + 100 = 0$

   c) $x^2 - 20x + 100 = 0$

# SITUAÇÕES ENVOLVENDO EQUAÇÕES POLINOMIAIS DO 2º GRAU EM $\mathbb{R}$

1. **É hora de praticar!**

   Em cada item, coloque inicialmente a equação na forma geral $(ax^2 + bx + c = 0$, com $a \neq 0)$. O processo de resolução você escolhe.

   **a)** $x^2 + x = x + 64$

   **b)** $\dfrac{x^2}{4} - x = \dfrac{x^2 - x}{6}$

   **c)** $-14x^2 + 7x + 7 = 0$

   Sugestão: dividir inicialmente os dois membros da equação por $-7$

## DESAFIO

2. Escreva uma equação polinomial do 2º grau na forma $ax^2 + bx + c = 0$ cujas raízes são $-\dfrac{2}{5}$ e 3.

3. **Um problema:** Uma região triangular tem como contorno um triângulo retângulo cuja hipotenusa mede $\sqrt{29}$ cm e um dos catetos mede 3 cm a mais do que o outro. Qual é a medida da área dessa região triangular?

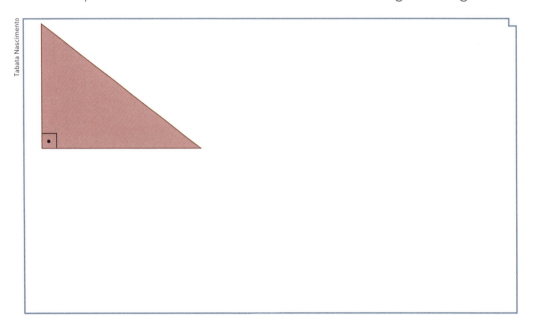

# ANALISAR E DESENHAR

Em cada item, analise a figura dada e, com base nela e na proposta feita, desenhe a figura que será obtida.

a) Fazer uma translação da figura dada.

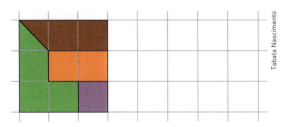

b) Trocar a posição das duas partes que têm números primos.

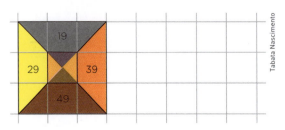

c) Fazer uma rotação de 90° em torno do ponto O no sentido horário.

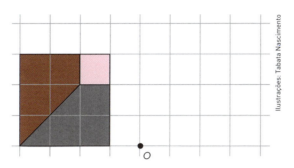

d) Trocar a posição das duas partes que têm divisores de 468.

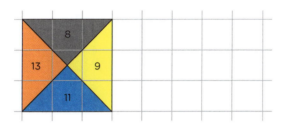

e) Obter a simétrica em relação ao eixo e.

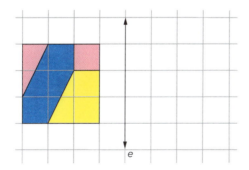

f) Obter a simétrica em relação ao ponto O (rotação de 180° em torno de O).

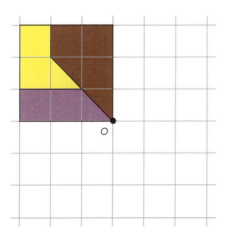

`EF09MA08`

# PROPORCIONALIDADE DIRETA EM ESCALAS

A escala de 1: 100 (1 por 100) indica que 1 unidade de medida de comprimento em um desenho ou em uma maquete corresponde a 100 da mesma unidade de medida de comprimento na realidade.

1. Se uma escala mostra que 1 cm está representando 50 m, assinale nos quadros abaixo as formas corretas de indicar essa escala.

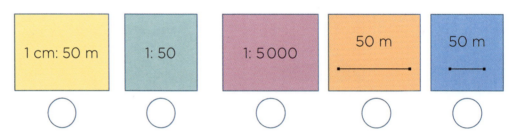

2. O desenho ao lado mostra uma cozinha retangular na planta de uma casa, na escala 1: 200.

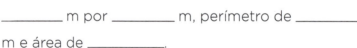

Complete: na realidade a cozinha tem dimensões de _____ m por _____ m, perímetro de _____ m e área de _____.

3. As cidades A e B aparecem em um mapa na posição indicada abaixo.

A distância real entre A e B é de 40 km.
Represente de três formas diferentes a escala em que foi construído o mapa.

66

**4.** Desenhe um canteiro retangular que tem dimensões de 7 m por 4 m, na escala 1: 200.

# SITUAÇÕES DE PROPORCIONALIDADE INVERSA

EF09MA08

**1.** O segmento de reta AB está dividido em partes iguais de 1,5 cm cada. Veja:

Agora, faça a divisão de $\overline{AB}$ em partes iguais de 4,5 cm cada.

Complete com os valores obtidos:

- $\overline{AB}$ foi dividido em _____ partes de _____ cm cada parte.
- $\overline{AB}$ foi dividido em _____ partes de _____ cm cada parte.
- _____ · _____ = _____ · _____

Finalmente, responda: se cada parte tiver 0,5 cm, em quantas partes $\overline{AB}$ ficará dividido? _____

**2.** Calcule e complete.

a) Se uma quantia é obtida com 7 notas de R$ 20,00, então essa mesma quantia pode ser obtida com _____ notas de R$ 5,00 e com com 14 notas de R$ _____.

Cédula de 5 reais, 10 reais e 20 reais.

**67**

**b)** Usando os 6 números que aparecem no item **a**:

_____ · _____ = _____ · _____ = _____ · _____

**c)** A quantia obtida nos três casos é R$ _____.

**d)** Considere que a quantia foi obtida com x notas de y reais e complete:

y = _____ ou _____ · _____ = _____.

### DESAFIO — OS QUATRO QUATROS

O desafio é escrever os números naturais de 0 a 10, usando 4 vezes só o número 4, e as operações seguintes.

Veja três maneiras de escrever o zero:

$0 = (4 \cdot 4) - (4 \cdot 4)$   $0 = 4^{4:4} - 4$   $0 = (4-4) \cdot (\sqrt{4} + 4)$

Escreva outra maneira para o zero e faça as operações para os demais números naturais até 10.

- 0 = _____
- 1 = _____
- 2 = _____
- 3 = _____
- 4 = _____
- 5 = _____
- 6 = _____
- 7 = _____
- 8 = _____
- 9 = _____
- 10 = _____

# MEDIDA DA DISTÂNCIA ENTRE DOIS PONTOS NO PLANO CARTESIANO

EF09MA16

Considere como unidade **u** de medida de comprimento a medida da distância de (0, 0) a (1, 0) no plano cartesiano.

Veja, agora, nos exemplos dados, o cálculo da medida da distância de A até B, indicada por $d_{AB}$.

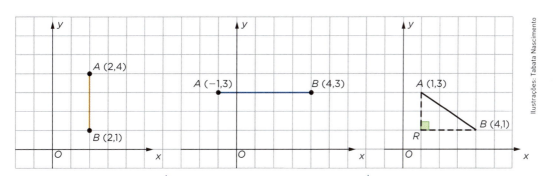

$\overline{AB} \parallel$ ao eixo y
2 = 2 e 4 > 1
$d_{AB} = 4 - 1 = 3$ u

$\overline{AB} \parallel$ ao eixo x
3 = 3 e 4 > −1
$d_{AB} = 4 - (-1) = 5$ u

Demais casos, uso da relação de Pitágoras

$(d_{AB})^2 = (d_{AR})^2 + (d_{RB})^2$

$(d_{AB})^2 = 2^2 + 3^2$

$d_{AB} = \sqrt{4 + 9} = \sqrt{13}$ u

Ilustrações: Tabata Nascimento

1. Marque os pontos indicados, no plano cartesiano e, depois, calcule as medidas na unidade u.

    a) A(−3, 2) e B(−1, 2) → $d_{AB}$ = _____

    b) P(−1, −1) e Q(−1, −4) → $d_{PQ}$ = _____

    c) M(1, 1) e N(4, 4) → $d_{MN}$ = _____

    d) E(−2, −3) e F(−3, 0) → $d_{EF}$ = _____

    e) C(1, 0) e D(4, −4) → $d_{CD}$ = _____

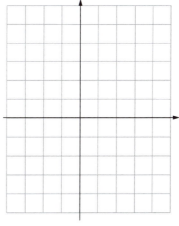

69

**2.** Agora, sem utilizar figuras:

Se $A(x_A, y_A)$ e $B(x_B, y_B)$, então a medida da distância de A até B é calculada assim:

$$d_{AB} = \sqrt{(x_A - x_B)^2 + (y_A - y_B)^2}$$

Refaça os cálculos dos itens **a** e **e** da atividade **1** para comprovar a validade da fórmula acima.

- $A(-3, 2)$ e $B(-1, 2) \rightarrow d_{AB} =$ _____

- $C(1, 0)$ e $D(4, -4) \rightarrow d_{CD} =$ _____

**3.** Ponto médio de um segmento de reta

O ponto médio $M(x_M, y_M)$ do segmento AB, com $A(x_A, y_A)$ e $B(x_B, y_B)$ é tal que: $x_M = \dfrac{x_A + y_A}{2}$ e $y_M = \dfrac{y_A + y_B}{2}$

**a)** Use as informações dadas e determine o ponto médio de $\overline{AB}$ para $A(2, 1)$ e $B(-2, 5) \rightarrow M(_____, _____)$.

**b)** Calcule $d_{AM}$ e $d_{BM}$ para conferir. Como M é o ponto médio de $\overline{AB}$, devemos ter $d_{AM} = d_{BM}$.

70

c) Marque no gráfico A, B e M e confira as posições.

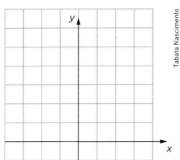

## DESAFIO CAÇA-PALAVRAS

Complete com os nomes das unidades de medida que faltam e as medidas correspondentes. Coloque sempre uma letra em cada quadradinho.

a) 1000 milímetros = 1 ☐☐☐☐☐

Unidades de medida de ☐☐☐☐☐☐☐☐☐☐

b) 1000 quilogramas = 1 ☐☐☐☐☐☐☐☐

Unidades de medida de ☐☐☐☐

c) 1000 anos = 1 ☐☐☐☐☐☐☐

Unidades de medida de ☐☐☐☐

d) 1000 mililitros = 1 ☐☐☐☐☐

Unidades de medida de ☐☐☐☐☐☐☐☐☐

Agora, localize e pinte no diagrama as oito palavras registradas acima. Elas podem estar na horizontal ou na vertical.

| M | A | S | S | I | R | T | O | N | E | A | D | E | V | M | K | R | O | L | I | R | O | T |
|---|---|---|---|---|---|---|---|---|---|---|---|---|---|---|---|---|---|---|---|---|---|---|
| A | V | C | O | M | P | R | I | M | E | N | T | O | U | I | V | C | M | O | L | Ê | N | O |
| S | P | Y | H | V | M | H | B | C | A | P | A | C | I | L | A | D | E | V | R | N | S | C |
| T | U | X | T | R | E | U | L | I | T | R | O | M | E | Ê | T | R | T | T | I | I | A | P |
| X | M | A | E | S | R | V | O | C | O | M | P | R | I | N | P | H | R | O | M | E | R | O |
| R | A | E | M | T | T | O | N | E | L | A | D | A | U | I | A | S | O | N | O | X | R | D |
| A | S | U | P | U | O | S | S | A | A | V | U | M | O | O | S | O | V | T | A | M | P | A |
| V | S | P | O | H | S | T | M | I | L | Ê | R | I | A | P | Q | X | U | E | V | A | X | D |
| E | A | M | H | S | I | X | S | M | A | S | M | A | C | A | P | A | C | I | D | A | D | E |

71

# É HORA DE
# RESOLVER PROBLEMAS!

No sítio do Sr. Joaquim há dois canteiros plantados, um com alface e outro com tomate, ambos retangulares.

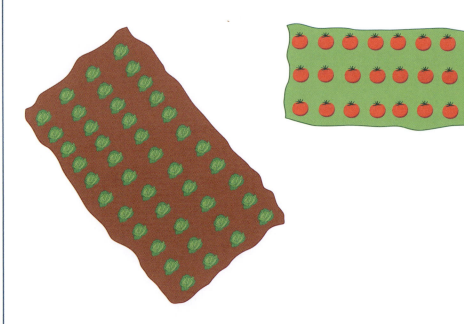

- A medida do perímetro do canteiro com alface é 64 m.
- A medida do perímetro do canteiro com tomate é 54 m.
- O comprimento do canteiro com tomate mede 2 m a menos do que o comprimento do outro e a largura mede $\frac{3}{4}$ da largura do outro.

Faça os cálculos necessários e complete o quadro a seguir.

| MEDIDA DOS CANTEIROS ||||
|---|---|---|---|
| Canteiros | Medida em m do comprimento | Medida em m da largura | Medida em m² da área |
| Alface | | | |
| Tomate | | | |

72

## Cálculos

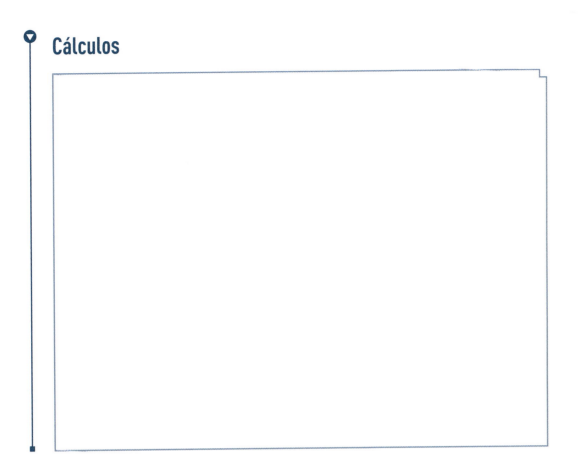

# RELAÇÕES MÉTRICAS NOS TRIÂNGULOS RETÂNGULOS

EF09MA13

## DEMONSTRAR E CONHECER

1. O $\triangle ABC$ a seguir é retângulo em $A$ ($\hat{A}$ é reto) e tem $\overline{AH}$ como altura relativa à hipotenusa.

   Veja alguns de seus elementos com suas medidas de comprimento indicadas. Complete as que faltam.

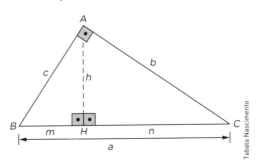

- $\overline{BC}$: hipotenusa (medida *a*)
- $\overline{AB}$: cateto menor (medida *c*)
- $\overline{AC}$: cateto maior (medida _____)
- $\overline{AH}$: altura relativa à hipotenusa (medida _____)
- $\overline{BH}$: projeção do cateto $\overline{AB}$ sobre a hipotenusa (medida _____)
- $\overline{CH}$: projeção do cateto _____ sobre a hipotenusa (medida _____)

2. Veja agora os desenhos do △ABC anterior e, separadamente, dos triângulos △HBA e △HCA, também retângulos (em H).

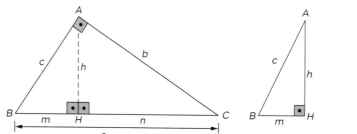
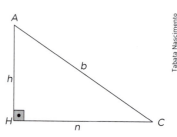

O caso AA de semelhança de triângulos garante que △ABC ~ △HBA e △ABC ~ △HAC. E dessas duas semelhanças podemos tirar mais esta: △HBA ~ △HAC.

Da semelhança dos três triângulos analisados podemos escrever a proporcionalidade dos lados correspondentes.

Complete as frações:

△ABC ~ △HBA
$$\frac{a}{\_} = \frac{b}{\_} = \frac{c}{\_}$$

△ABC ~ △HAC
$$\frac{a}{\_} = \frac{b}{\_} = \frac{c}{\_}$$

△HBA ~ △HAC
$$\frac{c}{\_} = \frac{h}{\_} = \frac{m}{\_}$$

3. Vejamos agora como chegar às relações métricas nos triângulos retângulos, considerando o △ABC.

   a) Da figura inicial tiramos a 1ª relação.

   Complete:

   $a =$ _____ $+$ _____      (I)

   > Em palavras: a medida da hipotenusa é igual à soma das medidas das _____ dos _____ sobre ela.

**b)** Das igualdades da **atividade 2** podemos chegar a mais algumas relações métricas. Complete.

$b^2 =$ _____ · _____     **(II)**

$c^2 =$ _____ · _____     **(III)**

Em palavras: o quadrado da medida de um _____ é igual ao produto da medida da _____ pela medida da projeção do mesmo _____ sobre ela.

$h^2 =$ _____ · _____     **(IV)**

O quadrado da medida da _____ relativa à hipotenusa é igual ao produto das _____ dos _____ sobre a hipotenusa.

$a \cdot h =$ _____ · _____     **(V)**

O produto das medidas da _____ e da _____ é igual ao produto das medidas dos _____.

**4.** Agora, usando as relações (I), (II) e (III) da **atividade 3** podemos chegar à relação que envolve os três lados do triângulo retângulo, conhecida como relação de Pitágoras. Complete as lacunas:

$b^2 + c^2 =$ _____ + _____ = _____ · (_____ + _____) =

= _____ · _____ = _____

**Relação de Pitágoras:** $a^2 =$ _____ + _____     **(VI)**

Em palavras: o quadrado da medida da _____ é igual à _____ dos _____ das _____ dos _____.

# APLICANDO AS RELAÇÕES

**1.** Escreva as relações de (I) a (VI) vistas nas páginas anteriores, considerando agora o △XYZ.

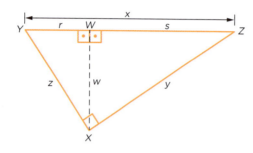

(I) _____

(II) e (III) _____

(IV) _____

(V) _____

(VI) _____

Agora, escreva a relação de Pitágoras envolvendo as medidas dos triângulos △WXZ e △WXY.

_____ e _____

**2.** Calcule os valores de $r$, $s$, $p$ e $q$ no △ABC, retângulo em A, da figura ao lado.

$r =$ _____

$s =$ _____

$p =$ _____

$q =$ _____

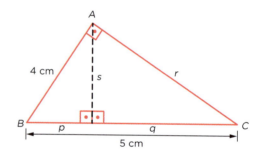

**3.** Calcule os valores de $x$ e $y$ em um triângulo retângulo com as medidas indicadas na figura ao lado, com $x < y$.

$x =$ _____, $y =$ _____

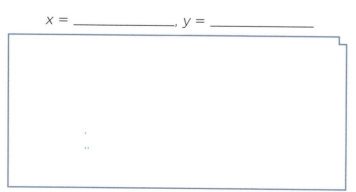
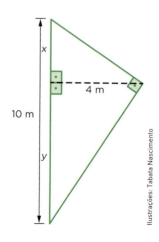

## DESAFIO OPERAÇÕES COM PALITOS

Em cada item, se possível, faça a construção dada primeiro com palitos. Caso contrário, observe o desenho apresentado.

O desafio é: **mudar a posição de apenas um palito** na igualdade com a afirmação falsa e, com isso, obter uma afirmação verdadeira. Registre a solução obtida.

Veja quantos palitos há em cada símbolo.

| Afirmação falsa | Afirmação verdadeira |
|---|---|
| a) 2 + 3 = 9 → | |
| b) 9 × 2 = 0 → | |
| c) 7 − 5 = 3 → | |
| d) 1 + 4 = 3 → | |

77

EF09MA11

# ÂNGULOS EM UMA CIRCUNFERÊNCIA

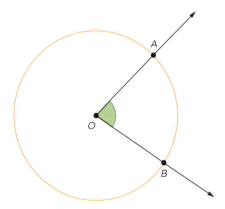
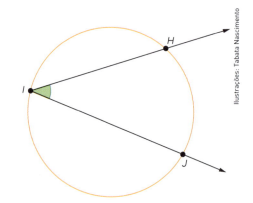

AÔB: Ângulo central de arco AB
- Vértice no centro da circunferência.
- Lados determinam 2 raios.
- Sua medida é menor ou igual a 180° (é também a medida do arco AB).

HÎJ: Ângulo inscrito no arco HJ
- Vértice em um ponto da circunferência.
- Lados determinam 2 cordas.
- Seu arco HJ não contém vértice.

Analise as informações a seguir e calcule os valores indicados em cada figura.

*Dois ângulos inscritos de mesmo arco têm medidas iguais.*

*Se um ângulo central e um ângulo inscrito têm o mesmo arco, então o central mede o dobro do inscrito.*

a)

x = _____.

b)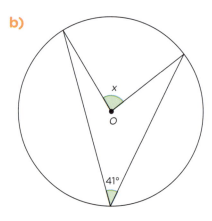

x = _____.

c)

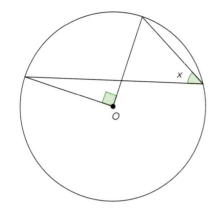

x = _____.

e)

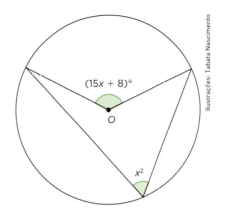

O: centro e x > 0

$x^2$ = _____ e $(15x + 8)°$ = _____.

d)

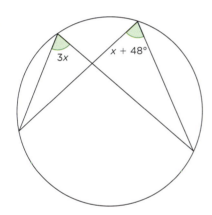

x = _____.

f)

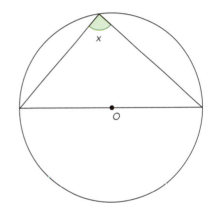

O: centro

x = _____.

# USO DA RELAÇÃO DE PITÁGORAS

Estes números, com as unidades p, u, v, t e r de medida de comprimento, indicam as medidas dos lados nos triângulos retângulos desenhados a seguir.

| 6 | $\sqrt{32}$ | 15 | 13 |
| --- | --- | --- | --- |
| 3 | 5 | 20 | 12 |
| $3\sqrt{5}$ | 4 | 4 | 25 |

79

Coloque os números nas figuras de forma adequada e comprove a escolha verificando a Relação de Pitágoras. Veja o exemplo ao lado.

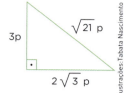

$$\left(\sqrt{21}\right)^2 = 21$$

$$\left(2\sqrt{3}\right)^2 + 3^2 = 12 + 9 = 21$$

**a)** Triângulo com medida do perímetro igual a 60 u.

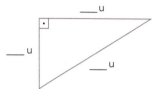

**c)** Um cateto mede o dobro do outro cateto.

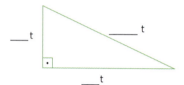

**b)** Triângulo retângulo isósceles.

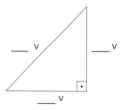

**d)** A medida da hipotenusa tem uma unidade a mais do que a medida do cateto maior.

80

## DESAFIO

**1.** Coloque todos os algarismos de 0 a 9 nos quadradinhos de modo que a operação indicada fique correta.

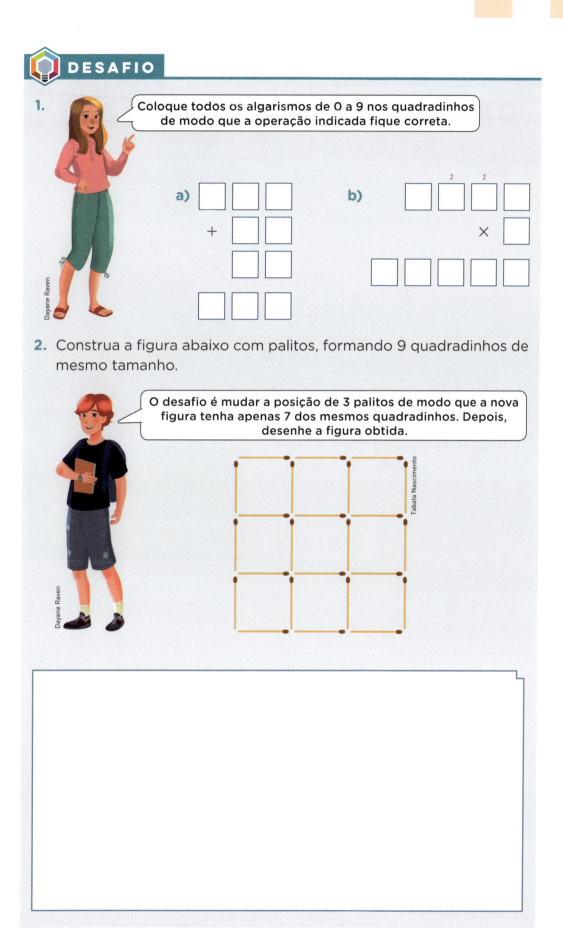

**2.** Construa a figura abaixo com palitos, formando 9 quadradinhos de mesmo tamanho.

O desafio é mudar a posição de 3 palitos de modo que a nova figura tenha apenas 7 dos mesmos quadradinhos. Depois, desenhe a figura obtida.

`EF09MA08`

# É HORA DE
# RESOLVER PROBLEMAS!

1. O segmento de reta *AB* representa dois pontos situados a 63 m um do outro. A partir de *A* até *B*, serão colocados postes de 10,5 m em 10,5 m.

   a) Quantos postes serão colocados no total?

   _____

   b) Desenhe todos os postes na figura a seguir.

   A                                          B

   c) Qual foi a escala utilizada no desenho? _____

2. A figura ao lado representa um terreno retangular de 15 m por 10 m. Em seu contorno, serão colocadas estacas separadas de 2,5 m em 2,5 m.

   a) Uma estaca será colocada em *A*, como mostra a figura. Quantas serão as estacas no total?

   _____

   b) Desenhe as estacas para conferir sua resposta.

   c) Qual foi a escala utilizada nesse desenho? _____

3. Calcule e responda ao que se pede.

   a) Na **atividade 1**, quantos seriam os postes no caso de *A* e *B* estarem a 180 m um do outro e se os postes estivessem dispostos de 12 m em 12 m?

   _____

   b) Na **atividade 2**, quantos seriam as estacas se o terreno fosse quadrado com lados de 12 m e se as estacas fossem separadas de 3 m em 3 m?

   _____

# SEQUÊNCIAS COM AUMENTOS E REDUÇÕES

(EF09MA05)

Complete as sequências de acordo com o indicado.

**a)**

> Cada termo, a partir do 2º, vale o anterior mais 0,55.

| −1 | | | | | |
|---|---|---|---|---|---|

**b)**

> Cada termo, a partir do 2º, vale o anterior menos $1\frac{1}{2}$.

| 4 | | | | | |
|---|---|---|---|---|---|

**c)**

> Cada termo, a partir do 2º, vale 10% do anterior.

| 85 000 | | | | |
|---|---|---|---|---|

**d)**

> Cada termo, a partir do 2º, vale o anterior mais 10% dele.

| 20 000 | | | | |
|---|---|---|---|---|

**e)**

> Cada termo, a partir do 2º, vale o anterior menos 10% dele.

| 20 000 | | | | |
|---|---|---|---|---|

EF09MA04

# VAMOS RELACIONAR NÚMEROS COM SUAS NOTAÇÕES CIENTÍFICAS

Lembre-se de como é um número escrito na notação científica:
- tem a forma $a \cdot b$;
- $a$ é um número real igual ou maior que 1 e menor que 10;
- $b$ é uma potência de base 10.

1. Nesta atividade, cada número que aparece no quadro da esquerda tem sua notação científica no quadro da direita.

   Pinte os quadrinhos que faltam em cada quadro, de modo que cada número e sua notação científica fiquem em quadrinhos com a mesma cor.

| 350 000 | 35 000 |
|---|---|
| 0,0035 | 350 |
| 0,00035 | 0,35 |

| $3,5 \cdot 10^4$ | $3,5 \cdot 10^5$ |
|---|---|
| $3,5 \cdot 10^{-1}$ | $3,5 \cdot 10^2$ |
| $3,5 \cdot 10^{-3}$ | $3,5 \cdot 10^{-4}$ |

2. Agora, complete com os números e com as notações científicas que faltam.

   Os quadrinhos de cada número e de sua notação científica devem continuar a ter cores iguais.

| 0,00006 | |
|---|---|
| | |
| 4 000 000 | 607 000 |

| | |
|---|---|
| | $6 \cdot 10^{-5}$ |
| 0,0941 | $1 \cdot 10^{-3}$ |

84

# APLICAÇÕES DE EQUAÇÕES POLINOMIAIS DO 2º GRAU

EF09MA09

Nas situações I, II e III a seguir, temos um terreno retangular com medida de área igual a 48 m² e medida de largura indicada por x metros.

- Represente a medida do comprimento na figura.
- Determine a equação correspondente à situação e, depois, a mesma na forma geral $(ax^2 + bx + c = 0,$ com $a \neq 0)$.

**Situação I** — Figura — Equações

A medida do comprimento é o triplo da medida da largura.

**Situação II**

A medida do comprimento tem 2 m a mais do que a medida da largura.

**Situação III**

A medida do perímetro do terreno é 38 m.

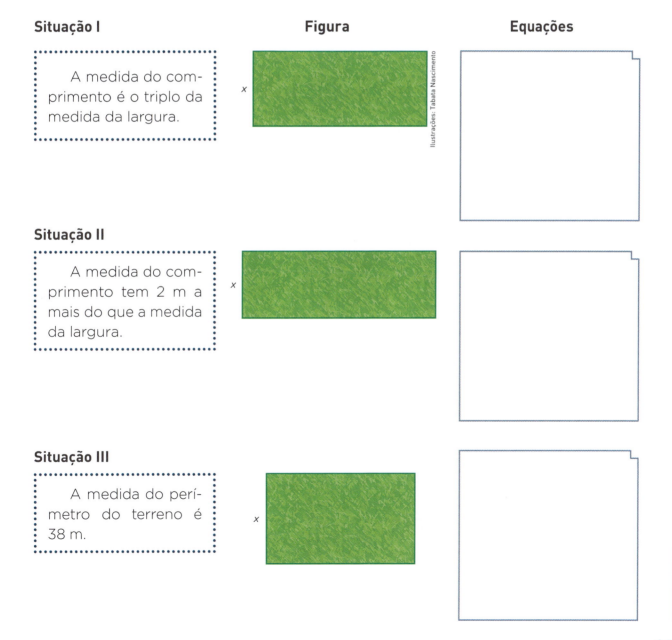

- Agora, resolva a equação e indique as medidas, em metros, do comprimento e da largura em cada situação.

Situação I    Situação II    Situação III

## DESAFIO

Nos dois desafios a seguir, descubra uma regularidade na sequência a partir dos primeiros termos e faça o desenho dos outros termos solicitados.

1.

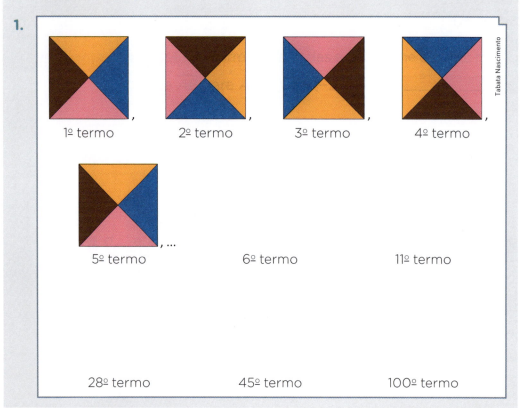

2.

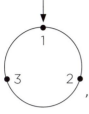
1º termo

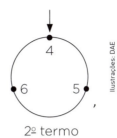
2º termo

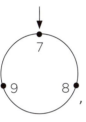
3º termo

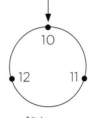
4º termo

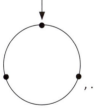
5º termo

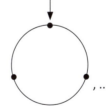
21º termo

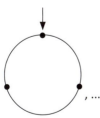
34º termo

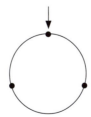
Termo em que aparece o número 615: _____ termo.

## CÁLCULO MENTAL

# UM PROBLEMA COM MAIS DE UMA SOLUÇÃO

- Antes, Paulo tinha 3 notas de dinheiro, Joana tinha 2 notas e Mauro tinha 2 notas, todas de R$ 10,00, R$ 20,00 ou R$ 50,00.
- Depois, Paulo deu uma nota para Joana, ela deu uma nota para Mauro e, com isso, os três ficaram com R$ 70,00 cada um.

Registre as notas que cada um tinha antes e com quais cada um ficou depois, de modo que estejam de acordo com o descrito acima.

Dê duas soluções diferentes para esse problema.

### 1ª solução

Antes | Depois

Paulo: ☐ ☐ ☐ | Paulo: ☐ ☐ ☐

Joana: ☐ ☐ | Joana: ☐ ☐ ☐

Mauro: ☐ ☐ | Mauro: ☐ ☐ ☐

### 2ª solução

Antes | Depois

Paulo: ☐ ☐ ☐ | Paulo: ☐ ☐ ☐

Joana: ☐ ☐ | Joana: ☐ ☐ ☐

Mauro: ☐ ☐ | Mauro: ☐ ☐ ☐

# CADA MEDIDA EM SEU LUGAR

## ABERTURA DE ÂNGULO

Sem usar o transferidor, descubra onde deve ir cada medida de abertura de ângulo a seguir e coloque nas figuras dadas.

**MEDIDAS**

55°   64°   114°   35°   68°   116°

110°   55°   114°   100°   68°

**FIGURAS**

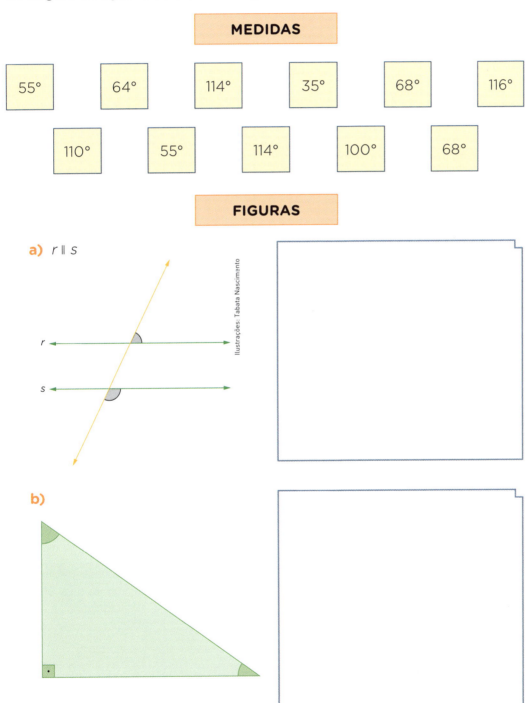

a) r ∥ s

b)

c)

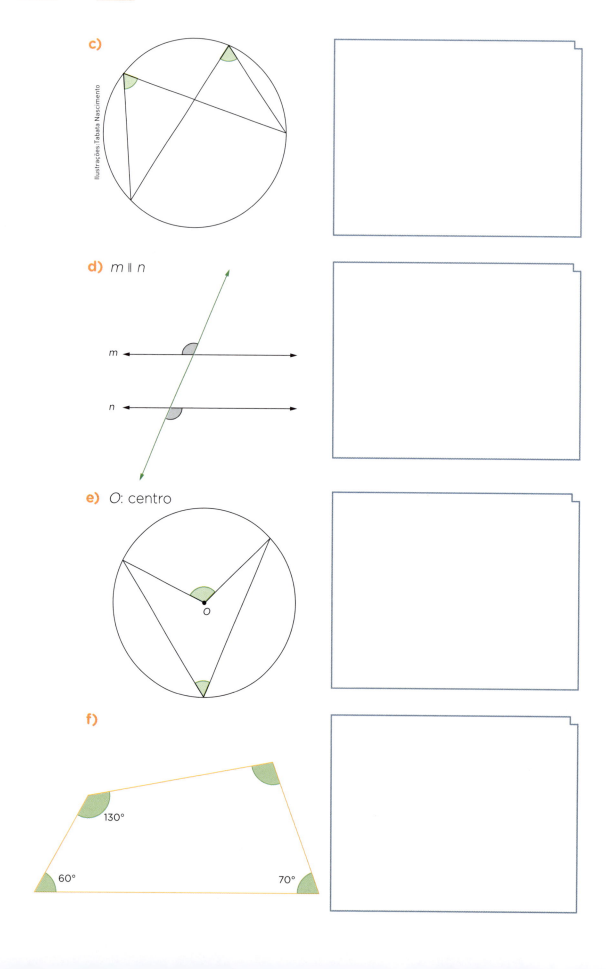

d) m ∥ n

e) O: centro

f)

130°

60°   70°

90

# COMPRIMENTO

EF09MA14

Coloque todas essas medidas de comprimento, de forma adequada, nas figuras a seguir.

**MEDIDAS**

25 u   20 u   75 u   50 u   31 u   27 u

60 u   18 u   15 u   31 u   45 u

**FIGURAS**

a) $a \parallel b \parallel c$

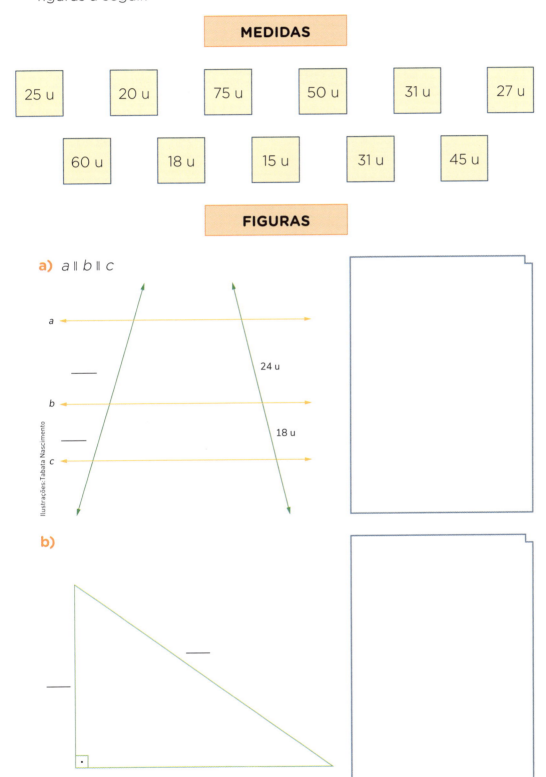

24 u

18 u

b)

c) $\overline{BC} \parallel \overline{DE}$

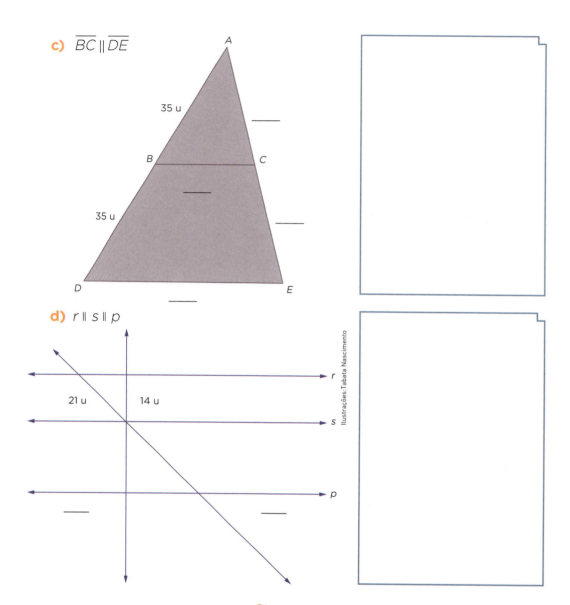

d) $r \parallel s \parallel p$

EF09MA07

# VELOCIDADE: RAZÃO ENTRE AS GRANDEZAS COMPRIMENTO E TEMPO

A velocidade de 80 km/h (80 quilômetros por hora) indica que, com essa velocidade constante, um percurso de 80 km é percorrido em 1 hora.

# PROPORCIONALIDADE DIRETA E PROPORCIONALIDADE INVERSA

**Velocidade** e **distância** são grandezas **diretamente proporcionais**.
Em um mesmo espaço de tempo, dobrando, triplicando etc. a medida da velocidade, também dobra, triplica etc. a distância percorrida.

1. Registre como são as grandezas nos casos a seguir.

   a) **Velocidade e tempo** em relação a uma distância percorrida.

   _____

   b) **Distância e tempo** em relação a uma certa velocidade.

   _____

2. Calcule o que se pede.

   a) Com a velocidade média de 90 km/h, em 2 h 30 min um carro percorre _____ km.

   b) Com a velocidade média de 120 m/min, um corredor percorre 3,6 km em _____ minutos.

**c)** Para percorrer 18 km em 1 h 12 min, um ciclista deve pedalar a uma velocidade média de _____ km/h.

**d)** Se, com a velocidade média de 120 km/h, um trem leva 15 minutos para percorrer uma distância, então, para percorrer a mesma distância em 12 minutos, a velocidade média deve ser de _____ km/h.

EF09MA21

# DESCOBRIR UM ERRO E CONSERTAR

Em cada atividade, o gráfico está incorreto. Indique um erro e, depois, construa o gráfico corretamente.

**1.** Em uma cidade a temperatura foi medida em um dia, de 6 em 6 horas. Veja os registros.

| 0 h → 6° C | De 0 às 6 h: subiu 3° C | De 6 h às 12 h: subiu 6° C |

| De 12 h às 18 h: baixou 6° C | De 18 h às 24 h: baixou 6° C |

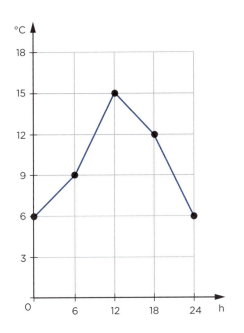 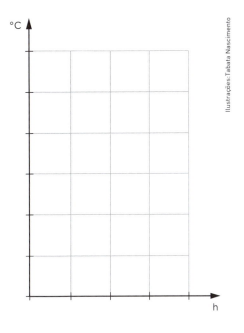

Erro: _____
_____

Gráfico correto.

**2.** Na votação do esporte favorito, entre natação, voleibol, futebol e basquetebol, 30 alunos de uma turma votaram assim:
- 12 em futebol;
- 9 em natação;
- 6 em voleibol;
- 3 em basquetebol.

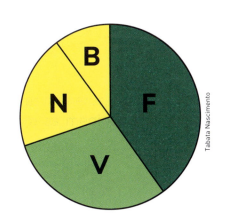 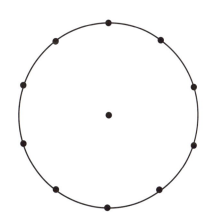

Erro: _____
_____

Gráfico correto.

95

# DESAFIO COM SEQUÊNCIAS

**1.** Na sequência a seguir, cada termo, a partir do 2º, é obtido somando o mesmo número ao termo anterior.

( 7 ), ( 22 ), ( 37 ), ( ◯ ), ( ◯ ), ( ◯ ), ( ◯ ), ( ◯ ), ( ◯ ), ( ◯ ), ( ◯ ), ...

Complete com os termos que faltam acima e, depois, calcule e responda: Qual é o 30º termo dessas sequências? ◯

**2.** Essa sequência é formada pelas 5 vogais, que se repetem sempre na mesma ordem. Registre os 3 termos que estão faltando e aparecem a seguir.

A , E , I , O , U , A , E , I , O , U , A ,

E , I , ☐ , ☐ , ☐ , ...

Complete: o 100º termo dessa sequência é ☐ .

**3.** Nesta sequência, a partir do 4º termo, cada um é obtido somando os três termos anteriores. Complete os termos que faltam.

( 1,2 ), ( 3,5 ), ( 4 ), ( ◯ ), ( ◯ ), ( ◯ ), ( ◯ ), ...

Agora, responda: Qual é o 10º termo dessa sequência? _____.

**4.** A seguir, descubra uma regularidade na sequência e complete os termos que faltam de acordo com ela.

1 , 3 , 6 , 8 , 16 , 18 , 36 , 38 , 76 , ☐ , ☐ , ☐ , ...

# ELABORAR E RESOLVER PROBLEMAS!

Em cada problema, escreva um enunciado que esteja de acordo com o começo da resolução. Depois, conclua a resolução e escreva a resposta do problema.

1. **Enunciado:**

   _____

   _____

   **Resolução:**

   Números naturais: $x$ e $3x$.

   $x^2 + (3x + 1) = 29$

   **Resposta:** _____

2. **Enunciado**

   _____

   _____

   **Resolução:**

   Números negativos: $x$ (maior) e $y$ (menor).

   $\begin{cases} x - y = 3 \\ xy = 10 \end{cases}$

   **Resposta:** _____

97

### DESAFIO

1. Solucione o desafio a seguir.

Separe a região quadrada em quatro partes, de mesma forma e mesmo tamanho, de modo que, em todas elas, a soma dos números seja a mesma.

- Pinte cada uma das quatro partes com uma cor diferente.

| 8 | 4 | 3 | 7 |
|---|---|---|---|
| 3 | 5 | 4 | 6 |
| 2 | 9 | 1 | 7 |
| 9 | 0 | 4 | 8 |

| 9 | 6 | 0 | 8 |
|---|---|---|---|
| 1 | 2 | 7 | 3 |
| 4 | 3 | 5 | 0 |
| 5 | 8 | 7 | 8 |

| 7 | 5 | 7 | 0 |
|---|---|---|---|
| 3 | 9 | 8 | 5 |
| 4 | 1 | 8 | 6 |
| 9 | 9 | 5 | 2 |

Aqui, a soma dos números em cada parte é _____.

Aqui, a soma dos números em cada parte é _____.

Aqui, a soma dos números em cada parte é _____.

2. Nesta atividade, o caminho é inverso. A região quadrada já está separada em quatro partes de mesma forma e mesmo tamanho.

O desafio é colocar os números naturais de 1 a 16 de modo que a soma dos números seja a mesma nas quatro partes.

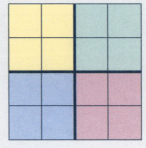

# CÁLCULO MENTAL

# A BUSCA DE PALAVRAS

Em cada item, pinte só os quadradinhos com os números citados e, depois, forme a palavra.

**a)** Qual é o nome da semirreta verde que divide o ângulo laranja, na figura ao lado?

Pinte os quadrinhos que têm múltiplos de 9.

| 2ª letra | 6ª letra | 9ª letra | 3ª letra | 8ª letra | 5ª letra | 1ª letra | 7ª letra | 4ª letra |
|---|---|---|---|---|---|---|---|---|
| 93 – A | 45 – T | 64 – M | 441 – S | 570 – E | 0 – E | 47 – N | 126 – R | 29 – R |
| 108 – I | 28 – P | 54 – Z | 336 – V | 360 – I | 1 – X | 81 – B | 109 – C | 9 – S |

A palavra é: ☐☐☐☐☐☐☐☐☐

**b)** Qual é o nome de um polígono de 9 lados, como esse desenhado ao lado?

Pinte os quadrinhos que têm divisor de 140.

| 4ª letra | 2ª letra | 6ª letra | 8ª letra | 1ª letra | 7ª letra | 5ª letra | 3ª letra |
|---|---|---|---|---|---|---|---|
| 6 – É | 11 – M | 1 – O | 40 – I | 20 – E | 50 – S | 4 – G | 17 – A |
| 5 – Á | 70 – N | 3 – U | 14 – O | 0 – U | 140 – N | 15 – H | 35 – E |

A palavra é: ☐☐☐☐☐☐☐☐

99

**c)** Qual é o nome do segmento de reta cinza no polígono rosa desenhado ao lado?

Pinte os quadrinhos com números primos.

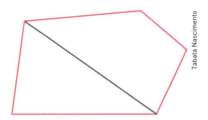

| 3ª letra | 8ª letra | 1ª letra | 7ª letra | 5ª letra | 2ª letra | 4ª letra | 6ª letra |
|---|---|---|---|---|---|---|---|
| 9 – M | 19 – L | 21 – T | 2 – A | 17 – O | 10 – A | 27 – B | 23 – N |
| 11 – A | 6 – S | 5 – D | 15 – E | 12 – U | 7 – I | 3 – G | 33 – P |

A palavra é:

# DESCOBRIR O ERRO E CORRIGIR

Na resolução das equações e do sistema de equações a seguir, há sempre uma passagem com erro.

Assinale com **X** a passagem onde está o erro e, depois, faça ao lado a resolução completa.

| Com erro | Correta |
|---|---|
| $3(2x - 5) = x$ | $3(2x - 5) = x$ |
| $6x - 5 = x$ | |
| $6x - x = 5$ | |
| $5x = 5$ | |
| $x = \dfrac{5}{5}$ | |
| $x = 1$ | |

| Com erro | Correta |
|---|---|
| $2x^2 - 3x + 1 = 0$ | $2x^2 - 3x + 1 = 0$ |
| $\Delta = 9 - 8 = 1$ | |
| $x = \dfrac{3 \pm 1}{2}$ | |
| $x' = \dfrac{4}{2} = 2$ | |
| $x'' = \dfrac{2}{2} = 1$ | |

|  | | | |
|---|---|---|---|
| **Com erro** | $\begin{cases} 2x + y = 1 \\ \dfrac{x}{2} - \dfrac{y}{3} = 2 \end{cases}$ $\begin{cases} 2x + y = 1 \\ 3x - 2y = 12 \end{cases}$ $\boxed{y = 1 - 2x}$ | $3x - 2(1 - 2x) = 12$ $3x - 2 + 4x = 12$ $3x + 4x = 12 + 2$ $7x = 14$ $x = 14 - 7$ $x = 7$ | $y = 1 - 2 \cdot 7$ $y = 1 - 14$ $y = -13$ |
| **Correta** | $\begin{cases} 2x + y = 1 \\ \dfrac{x}{2} - \dfrac{y}{3} = 2 \end{cases}$ | | |

## DEDUÇÕES LÓGICAS

# VAMOS FAZER?

1. Coloque os divisores de 24, os divisores de 36 e os divisores de 40 no diagrama a seguir.

   Mas atenção: cada número só pode ser escrito uma vez.

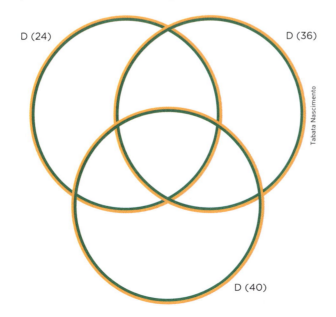

101

2. **(USP–SP)** Depois de $n$ dias de férias, um estudante observa que:
   - choveu 7 vezes, de manhã ou à tarde;
   - quando chove de manhã não chove à tarde;
   - houve 5 tardes sem chuva;
   - houve 6 manhãs sem chuva.
   
   Podemos afirmar, então, que $n$ é igual a:
   
   a) 7    b) 8    c) 9    d) 10    e) 11

3. Pedro está em uma das casas a seguir. Apenas uma das inscrições abaixo das casas é verdadeira. Complete o que se pede.

   Pedro está na casa _____, pois a única inscrição verdadeira é a da casa _____.

Casa 1 — Pedro está aqui.
Casa 2 — Pedro não está aqui.
Casa 3 — Pedro não está na casa 1.

# QUANTAS OU QUANTOS... PARA SE TER CERTEZA?

1. Qual é o número mínimo de pessoas em um grupo para se ter certeza de que pelo menos duas delas fazem aniversário no mesmo mês? _____

2. Em uma caixa há 5 lenços azuis e 3 lenços verdes. Indique qual é o menor número de lenços que uma pessoa deve retirar da caixa, sem olhar, em cada caso a seguir.

   a) Para ter pelo menos um lenço azul. _____
   
   b) Para ter pelo menos um lenço verde. _____

c) Para ter pelo menos um lenço de cada cor. _____

d) Para ter pelo menos 2 lenços da mesma cor. _____

3. Em uma gaveta há 4 meias marrons e 6 meias cinza. Indique qual é o menor número de meias que uma pessoa deve retirar da gaveta, sem olhar, em cada caso a seguir.

   a) Para ter pelo menos duas meias com a mesma cor.
   _____

   b) Para ter pelo menos um par de meias cinza.
   _____

   c) Para ter pelo menos um par de meias de cada cor.
   _____

4. Em um saquinho há 5 moedas de 10 centavos, 4 moedas de 25 centavos e 2 moedas de 50 centavos. Indique qual é o menor número de moedas que uma pessoa deve retirar do saquinho, sem olhar, em cada caso a seguir.

   a) Para ter pelo menos uma moeda de 25 centavos.
   _____

   b) Para obter R$ 1,00 ou mais. _____

   c) Para obter mais de R$ 2,00. _____

   d) Para obter mais de R$ 3,00.
   _____

# É HORA DE
# RESOLVER PROBLEMAS!

1. José comprou uma cabra por R$ 100,00 e vendeu a mesma cabra por R$ 120,00.

   Arrependido do negócio, comprou a cabra de volta por R$ 130,00 e logo revendeu por R$ 140,00.

   Responda considerando todas as transações feitas.

Cabra pastando.

103

a) No final, José teve lucro, prejuízo ou nenhum dos dois?

_____

b) No caso de lucro ou prejuízo, de quanto foi?

_____

_____

_____

2. Um cubo tem arestas de 1 metro. Em um dos vértices está posicionada uma formiga F que pretende chegar a um torrão de açúcar que está no vértice A, na 1ª figura.

Veja, na 2ª figura, o desenho do cubo planificado.

a) Marque o ponto A na 2ª figura.

b) Calcule e responda: Qual é a medida da menor distância que a formiga deve percorrer para chegar até A? _____

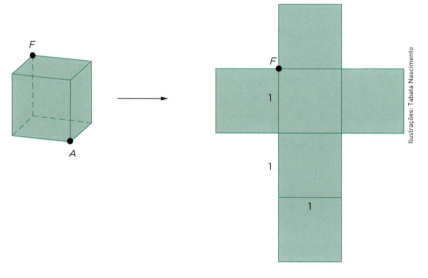

**DESAFIO**

1. Complete as figuras e preencha as lacunas, considerando que os relógios estão marcando as horas no período da manhã de um mesmo dia.

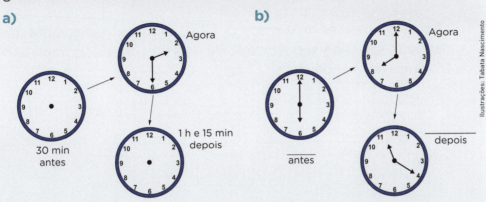

2. Ligue os relógios que marcam momentos do período da manhã com 1 h 15 min de diferença.

105

# REGULARIDADE
## NOS MESES DO ANO

Pense nos meses de um ano que não é bissexto, descubra uma regularidade em cada sequência e, de acordo com ela, complete o 4º e o 5º termo das sequências.

a) 1J , 3M , 5M , 7J , ☐ e ☐

b) J31 , F28 , M31 , A30 , ☐ e ☐

c) JU , JU , AG , SE , ☐ e ☐

d) O , O , O , L , ☐ e ☐

e) BI , AO , UH , UH , ☐ e ☐

f) 31J , 31A , 30S , 31O , ☐ e ☐

g) J.7 , F.9 , M.5 , A.5 , ☐ e ☐

h) J.4 , F.5 , M.2 , A.2 , ☐ e ☐

i) D , O , A , J , ☐ e ☐

j) ANE , EVE , ARÇ , BRI , ☐ e ☐

## DEDUÇÕES LÓGICAS
## VAMOS FAZER?

Complete cada sentença de acordo com o que cada criança fez.

a)
> Mário escreveu a operação inversa da adição dada.

Se 372 + 41 = 413, então _____.

b)
> Joana calculou a medida de área.

Se um losango tem diagonais de 10 cm e 6 cm, então a região plana determinada por ele tem _____.

c)
> Ana resolveu a equação.

Se $ax^2 + bx + c = 0$ tem $a = 3$, $b = 14$ e $c = -5$, então _____.

d)
> Rafael calculou o número de faces, de arestas e vértices.

Se um prisma tem bases pentagonais, então ele tem _____ _____.

e)
> Paulo determinou o ponto médio de M do segmento AB.

Se $A(3, -2)$ e $B(0, 4)$, então _____.

f)
> Flávia determinou a porcentagem de desconto dada na promoção.

Se um par de tênis que custava R$ 180,00 agora é vendido por R$ 171,00, então _____.

# DOIS EM QUATRO

Em cada item, assinale com **X** apenas os dois quadrados que indicam o que é citado.

**a)** As operações em que o resultado é um número inteiro.

☐ $64^{\frac{1}{3}}$ ☐ $3^4 \cdot 9^{-1}$

☐ $1045 : 45$ ☐ $8{,}31 - 4{,}13$

**b)** As figuras em que a reta $r$ é a mediatriz do segmento $AB$.

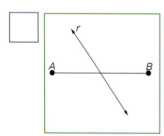

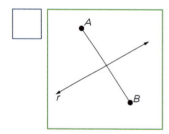 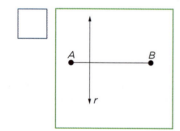

**c)** As igualdades em que o 2º membro é notação científica do 1º.

☐ $149\,000 = 1{,}49 \cdot 10^3$ ☐ $0{,}00081 = 8{,}1 \cdot 10^{-4}$

☐ $0{,}00036 = 36 \cdot 10^{-4}$ ☐ $230\,000 = 2{,}3 \cdot 10^5$

**d)** As equações que têm 0,111... como raiz.

☐ $2x + 3 = 4 - 7x$ ☐ $2x^2 = 18$

☐ $3(x - 1) = 6$ ☐ $\dfrac{9x + 7}{2} = 4$

**e)** As medidas que são correspondentes a 1 litro (1 L).

☐ $1\ dm^3$ ☐ $10\ cm^3$

☐ $0{,}001\ m^3$ ☐ $100\ mL$

## DEDUÇÕES LÓGICAS
# VAMOS FAZER?

1. Quatro times participaram de um campeonato de futebol.

No total, foram 6 jogos e cada time jogou uma vez com os demais.

- O time B ganhou 2 jogos.
- O time C empatou 3 jogos.
- O time D perdeu para o time A.

Em cada vitória, o time ganha 3 pontos; a cada empate, o time ganha 1 ponto; e, em cada derrota, o time não ganha ponto.

Descubra a classificação final do campeonato e registre a pontuação total de cada time.

| Time _____ | Time _____ | Time _____ | Time _____ |
|---|---|---|---|
| 1º lugar | 2º lugar | 3º lugar | 4º lugar |
| _____ pontos | _____ | _____ | _____ |

2. Quanto tem cada criança? Descubra.

Rute tem _____.    Pedro tem _____.    Rute tem _____.

# GABARITO

**RESPOSTAS DE ALGUMAS ATIVIDADES**

## PÁGINAS 8 E 9

1. Beto, Rafa, Carlos, Aldo e Mário.
2. a) (~),   f) (V),
   b) (F),   g) (F),
   c) (~),   h) (~),
   d) (V),   i) (F),
   e) (~),   j) (~).

## PÁGINA 9

1. a) 21   c) 2
   b) 3    d) 12
2. a) 151
   b) 347
3. a) 23
   b) 15

## PÁGINA 10

1. a) 114 e 51
   b) 416 e 116
   c) 82 e 16
   d) 32 e 4
   e) 875 e 155

## PÁGINA 11

1. a) $\frac{1}{6}$, hexagonal
   b) 50%, circular
   c) $\frac{5}{8}$, quadrada
   d) 75%, octogonal
2. a) $\frac{1}{4}$
   b)

## PÁGINAS 13 E 14

1. Peça C.
2. a) C e E.   c) E e E.
   b) B e B.   d) A e D.

## PÁGINA 16

1. 5, 11, 14, 5, 11, 14, 5, 11, 14, ...

## 3.

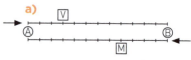

## PÁGINA 17

9 horas e 30 minutos

## PÁGINA 21

a) [figura A—V—M—B]
b) 250 km
c) 15 h
d) 13 h

## PÁGINAS 25 E 26

4. a) 16
   b) 9
   c) 4
   d) 1; Total: 30
5. 204 quadrados

## PÁGINA 31

1. R$ 64,80.
2. R$ 2.375,00.
3. a) Era de 640 m e ficou 656 m.
   b) Era de 24 000 m² ficou 23 760 m².

## PÁGINA 32

1. a) 15 = 15
   b) 15 + 15 = 25 + 5
   c) 15 + 5 = 20 ou 20 + 5 = 25
   d) 25 + 15 = 15 + 5 + 20
2. 25 + 5 = 30 e 20 + 15 + 15 = 50
   30 = 60% de 50

## PÁGINA 35

a) $A = 4$ cm²
b) $P = 8$ cm.

## PÁGINAS 38 E 39

1. a) 40
   b) 6, 42 e 1806
   c) $\frac{2}{3}, \frac{2}{9}, \frac{2}{27}$ e $\frac{2}{81}$

## 2.
a) $2x$ (32 e 64)
b) $\frac{x}{2}$ $\left(\frac{1}{2}$ e $\frac{1}{4}\right)$
c) $x - 2$ ($-2$ e $-4$)
d) $x + 2$ (4, 6, 8, 10 e 12)

## PÁGINA 44

2. a) No reservatório cúbico.
   b) 32 500 L a mais

## PÁGINAS 48 E 49

a) $x = -\frac{2}{3}$ ou $x = \frac{2}{3}$
b) $-\frac{11}{12}$
c) R$ 420,00.
d) 99°
e) R$ 12,80.
f) 33 e 11
g) 124° e 62°
h) 22
i) 22,5 cm²

## PÁGINAS 52 E 53

1. a) 2 310
   b) 37
2. a) Ler de ponta-cabeça: X + I = XI
   b) [figura]
   (9 é quadrado de 3)

## PÁGINAS 58 E 59

1. a) 5, 3, 1, 3 e 5
2. a) Quando a pilha tem um número par de dados.
   b) Tem 7 pontos a menos do que a face superior da pilha.
   c) 6 pontos

## PÁGINA 68

Exemplo de respostas:
$0 = (4 + 4) \cdot (4 - 4)$;
$1 = (4 + 4) : (4 + 4)$;
$2 = 4 : 4 + 4 : 4$;
$3 = (4 + 4 + 4) : 4$;
$4 = (4 - 4) \cdot 4 + 4$;
$5 = 4 + 4^{4-4}$;
$6 = (4 + 4) : 4 + 4$;
$7 = (4 + 4) - (4 : 4)$;
$8 = 4 + 4 + 4 - 4$;
$9 = (4 + 4) + (4 : 4)$;
$10 = (4 + 4 + 4) - \sqrt{4}$

## PÁGINA 72

Alface (20 m, 12 m e 240 m²);
Tomate (18 m, 9 m e 162 m²).

## PÁGINA 77

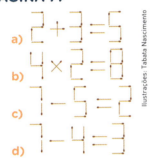

a)
b)
c)
d)

## PÁGINA 81

1. a) $209 + 68 + 74 = 351$
   b) $8169 \cdot 3 = 24\,507$

2.

## PÁGINAS 86 E 87

1. $6º = 2º$; $11º = 3º$; $28º = 4º$;
   $45º = 1º$; $100º = 4º$

2. $5º$ — 15   14
          13
   $21º$ — 63   62
          61
   $34º$ — 102  101
          100

   $205º$ termo — 615   614
                   613

## PÁGINA 88

1. Uma solução: P: 50, 50 e 20 para 50 e 20; J: 20 e 10 para 50 e 20; M: 50 e 10 para 50, 10 e 10.
   Outra solução: P: 50, 20 e 20 para 50 e 20; J: 50 e 50 para 50 e 20; M: 10 e 10 para 50, 10 e 10.

## PÁGINAS 93 E 94

1. a) Inversamente proporcionais.
   b) Diretamente proporcionais.
2. a) 225 km
   b) 30 minutos
   c) 15 km/h
   d) 150 km/h

## PÁGINA 96

1. 30º termo: 442
2. 100º termo: U
3. 10º termo: 334,3
4. 78, 156 e 158

## PÁGINA 98

1. 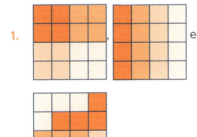 , e

2.

## PÁGINA 102

2. $n = 9$
3. Pedro está na casa 2, pois a única inscrição verdadeira é a da casa 3.

## PÁGINAS 102 E 103

1. 13 pessoas
2. a) 4
   b) 6
   c) 6
   d) 3
3. a) 3
   b) 6
   c) 8
4. a) 8
   b) 7
   c) 11
   d) Impossível.

## PÁGINAS 103 E 104

1. a) Lucro.
   b) Lucro de R$ 30,00.
2. $\sqrt{5}$ cm

## PÁGINA 106

a) 9S e 11N
b) M31 e J30
c) OU e NO
d) O e O
e) GS e EE
f) 30N e 31D
g) M.4 e J.5
h) M.3 e J.2
i) A e F
j) AIO e UNH

## PÁGINA 107

a) $413 - 41 = 372$
b) Área de 30 cm².
c) As raízes são $-5$ e $\dfrac{1}{3}$.
d) 7 faces, 15 arestas e 10 vértices.
e) O ponto médio de $\overline{AB}$ é $M\left(1\dfrac{1}{2},\ 1\right)$.
f) O desconto é de 5%.

## PÁGINA 109

1. B(7), A(4), C(3) e D(1).
2. Rute (R$ 60,00), Pedro (R$ 35,00) e Laura (R$ 25,00).

# REFERÊNCIAS

BOALER, J. *O que a matemática tem a ver com isso?* Porto Alegre: Penso, 2019.

BRASIL. Ministério da Educação. *Base Nacional Comum Curricular.* Brasília, DF: MEC, 2018. Disponível em: http://basenacionalcomum.mec.gov.br/images/BNCC_EI_EF_110518_versaofinal_site.pdf. Acesso em: 28 jun. 2022.

CARRAHER, T. N. (org.). *Aprender pensando.* 19. ed. Petrópolis: Vozes, 2008.

DANTE, L. R. *Formulação e resolução de problemas de matemática* – Teoria e Prática. São Paulo: Ática, 2015.

DEWEY, J. *Como pensamos.* 2. ed. São Paulo: Nacional, 1953.

KOTHE, S. *Pensar é divertido.* São Paulo: EPU, 1970.

KRULIK, S.; REYS, R. E. (org.). *A resolução de problemas na matemática escolar.* São Paulo: Atual, 1998.

POLYA, G. *A arte de resolver problemas.* Rio de Janeiro: Interciência, 1995.

PORTUGAL. Ministério da Educação. Instituto de Inovação Educacional. *Normas para o currículo e a avaliação em Matemática escolar.* Lisboa, 1991. Tradução portuguesa dos Standards do National Council of Teachers of Mathematics.

POZO, J. I. (org.). *A solução de problemas*: aprender a resolver, resolver para aprender. Porto Alegre: Artmed, 1998.

RATHS, L. *Ensinar a Pensar.* São Paulo: EPU, 1977.

SCHOENFELD, A. Heuristics in the classroom. *In*: KRULIK, S.; REYES, R. E. *Problem solving in school mathematics.* Reston: National Council of Teachers of Matethematics, 1980.